全国渔业船员培训统编教材
农业部渔业渔政管理局 组编

船 舶 避 碰

（海洋渔业船舶一级、二级驾驶人员适用）

宋耀华　葛　坤　主编

中国农业出版社

图书在版编目（CIP）数据

船舶避碰：海洋渔业船舶一级、二级驾驶人员适用/
宋耀华，葛坤主编 . —北京：中国农业出版社，2017.3
全国渔业船员培训统编教材
ISBN 978-7-109-22603-6

Ⅰ.①船… Ⅱ.①宋…②葛… Ⅲ.①船舶航行—避
碰规则—技术培训—教材 Ⅳ.①U692.1②U675.96

中国版本图书馆 CIP 数据核字（2017）第 008169 号

中国农业出版社出版
（北京市朝阳区麦子店街 18 号楼）
（邮政编码 100125）
策划编辑 郑 珂 黄向阳
文字编辑 李 蕊

三河市君旺印务有限公司印刷 新华书店北京发行所发行
2017 年 3 月第 1 版 2017 年 3 月河北第 1 次印刷

开本：700mm×1000mm 1/16 印张：10.75
字数：165 千字
定价：48.00 元
（凡本版图书出现印刷、装订错误，请向出版社发行部调换）

全国渔业船员培训统编教材
编审委员会

主　　任　　于康震
副 主 任　　张显良　　孙　林　　刘新中
　　　　　　赵立山　　程裕东　　宋耀华
　　　　　　张　明　　朱卫星　　陈卫东
　　　　　　白　桦
委　　员　　（按姓氏笔画排序）
　　　　　　王希兵　　王慧丰　　朱宝颖
　　　　　　孙海文　　吴以新　　张小梅
　　　　　　张福祥　　陆斌海　　陈耀中
　　　　　　郑阿钦　　胡永生　　栗倩云
　　　　　　郭瑞莲　　黄东贤　　黄向阳
　　　　　　程玉林　　谢加洪　　潘建忠
执行委员　　朱宝颖　　郑　珂

全国渔业船员培训统编教材
编辑委员会

船舶避碰

（海洋渔业船舶一级、二级驾驶人员适用）

编写委员会

主　编　宋耀华　葛　坤

编　者　宋耀华　葛　坤　李万国

丛书序

安全生产事关人民福祉，事关经济社会发展大局。近年来，我国渔业经济持续较快发展，渔业安全形势总体稳定，为保障国家粮食安全、促进农渔民增收和经济社会发展作出了重要贡献。"十三五"是我国全面建成小康社会的关键时期，也是渔业实现转型升级的重要时期，随着渔业供给侧结构性改革的深入推进，对渔业生产安全工作提出新的要求。

高素质的渔业船员队伍是实现渔业安全生产和渔业经济持续健康发展的重要基础。但当前我国渔民安全生产意识薄弱、技能不足等一些影响和制约渔业安全生产的问题仍然突出，涉外渔业突发事件时有发生，渔业安全生产形势依然严峻。为加强渔业船员管理，维护渔业船员合法权益，保障渔民生命财产安全，推动《中华人民共和国渔业船员管理办法》实施，农业部渔业渔政管理局调集相关省渔港监督管理部门、涉渔高等院校、渔业船员培训机构等各方力量，组织编写了这套"全国渔业船员培训统编教材"系列丛书。

这套教材以农业部渔业船员考试大纲最新要求为基础，同时兼顾渔业船员实际情况，突出需求导向和问题导向，适当调整编写内容，可满足不同文化层次、不同职务船员的差异化需求。围绕理论考试和实操评估分别编制纸质教材和音像教材，注重实操，突出实效。教材图文并茂，直观易懂，辅以小贴士、读一读等延伸阅读，真正做到了让渔民"看得懂、记得住、用得上"。在考试大纲之外增加一册《渔业船舶水上安全事故案例选编》，以真实事故调查报告为基础进行编写，加以评论分析，以进行警示教育，增强学习者的安全意识、守法意识。

　　相信这套系列丛书的出版将为提高渔民科学文化素质、安全意识和技能以及渔业安全生产水平，起到积极的促进作用。

　　谨此，对系列丛书的顺利出版表示衷心的祝贺！

农业部副部长

2017 年 1 月

前 言

　　《中华人民共和国渔业船员管理办法》（农业部令 2014 年第 4 号）已于 2015 年 1 月 1 日起实施，2014 年 9 月农业部办公厅印发新的渔业船员考试大纲。为了促进水上交通安全和渔业生产作业安全，更好地帮助、指导渔业船员进行适任考前培训和进一步提高渔业船员适任水平，在农业部的领导下，辽宁渔港监督局组织有丰富教学、培训经验和渔业船舶实际工作经验的专家共同编写了《船舶避碰（海洋渔业船舶一级、二级驾驶人员适用）》一书。

　　本书根据《农业部办公厅关于印发渔业船员考试大纲的通知》（农办渔〔2014〕54 号）中关于渔业船员理论考试和实操评估的要求编写，全面涵盖渔业船员考试大纲中对船舶避碰科目所要求的知识点，并结合渔业船员整体的实际情况，以岗位需求为出发点，理论联系实际，始终围绕渔业船员培训的特点，具有较强的针对性和适用性。本书重点突出渔业船员适任培训和航海实践所需掌握的知识和技能，适用于渔业船员的考试和培训，也可作为航海相关从业人员的业务参考书。

　　本书的编写以国际、国内和行业的法规、规则及标准为依据，以"必须和够用"为原则，以《1972 年国际海上避碰规则》（以下简称《规则》）为主线，逐条对规则进行解读，采用通俗易懂的表述，加深学员对《规则》的理解和运用。船舶避碰是渔业船员必须掌握的专业课程，也是理论考试和实操评估的考核内容。全书共分九章，每节有要点提示，每章有思考题，在行动规则的章节后有渔船事故案例分析；同时，在相关条款内容解读中附有较丰富的插图和表格，便于学员对条款内容的理解和使用。

　　本书由宋耀华统稿，第一章至第八章由葛坤编写，第九章由李万国编写；本书部分插图由迟雄海完成。朱茂良、迟恩俊对全书的编写给了很多建议与帮助。限于编者经历及水平，本书在内容上很难覆盖全国各地渔业船员的实际情况，不足之处和差错在所难免，恳请专家、同仁和读者多提宝贵意见和建议，以便修订再版时改正。

本书的编写和出版得到了农业部、大连海洋大学、大连海洋学校、相关渔业企业以及中国农业出版社等单位的关心和大力支持，在此深表感谢！

编　者

2017 年 1 月

目 录

第一章 总 则

第一节 适用范围

本节要点：《1972 年国际海上避碰规则》（以下简称《规则》）是防止船舶碰撞事故、保障海上交通安全的重要海事法规。本节主要介绍《规则》第一条适用范围，包括适用的水域及船舶、特殊规定、额外信号、分道通航制规定、特殊构造或用途的船舶信号规定。

一、条款内容

1. 本规则条款适用于在公海和连接公海而可供海船航行的一切水域中的一切船舶。

2. 本规则条款不妨碍有关主管机关为连接公海而可供海船航行的任何港外锚地、港口、江河、湖泊或内陆水道所制定的特殊规定的实施。这种特殊规定，应尽可能符合本规则条款。

3. 本规则条款不妨碍各国政府为军舰及护航下的船舶所制定的关于额外的队形灯、信号灯、号型或笛号，或者为结队从事捕鱼的渔船所制定的关于额外的队形灯、信号灯、号型的任何特殊规定的实施。这些额外的队形灯、信号灯、号型或笛号，应尽可能不致被误认为本规则其他条文所规定的任何号灯、号型或信号。

4. 为实施本规则，本组织可以采纳分道通航制。

5. 凡经有关政府确定，某种特殊构造或用途的船舶，如不能完全遵守本规则任何一条关于号灯或号型的数量、位置、能见距离或弧度以及声号设备的配置和特性的规定，则应遵守其政府在号灯或号型的数量、位置、能见距离或弧度以及声号设备的配置和特性方面为之另行确定的、尽可能符合本规则所要求的规定。

二、条款解释

1. 适用的水域及船舶

《规则》适用的水域包含"公海"和"连接公海并可供海船航行的一切水域"两部分。公海是指各国内水、领海、群岛水域和专属经济区以外不受任何国家主权管辖和支配的海域，如图1-1所示。连接公海并可供海船航行的一切水域是指专属经济区、领海、内海以及相连接并可供海船航行的港口、江河、湖泊等一切内陆水域，如图1-2所示。

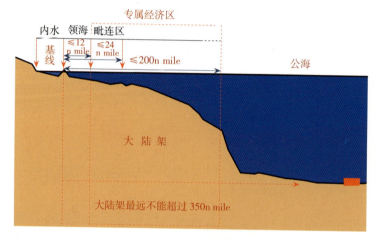

图1-1 海洋区域划分图

图1-2 可供海船航行的水域

《规则》适用的船舶是指在《规则》适用水域中的一切船舶。在适用水域内，不限于海船，也包括可供海船航行的水域内的内河船舶。但不包括：超低空飞行的水上飞机、在水下潜航的潜水艇、在船坞维修的海船以及我国加入《规则》时做出保留的我国非机动船。

2. 特殊规定

（1）可制定特殊规定的水域及机关　　特殊规定是指各沿海国主管机关在其管辖的水域所制定的地方规则或港章。如我国的《中华人民共和国非机动船舶海上安全航行暂行规则》《渔船作业避让暂行条例》《中华人民共和国内河避碰规则》以及各港口的港章等。

可制定特殊规定的机关为各国有关主管机关。可制定特殊规定的水域主要是指在连接公海可供海船航行的任何港外锚地、港口、江河、湖泊或内陆水道。

（2）特殊规定与《规则》的关系　　《规则》条款不妨碍特殊规定的实施，即特殊规定优先适用，如图1-3所示。对于驾驶人员，遵守特殊规定非常重要，在进入制定有特殊规定的水域前，应尽可能熟悉其具体规定。因此：

①同一水域，特殊规定和《规则》同时适用时，特殊规定优先适用。

②特殊规定与《规则》不一致时应执行特殊规定。

③特殊规定没有规定的事项应执行《规则》。

图1-3　港口规定优先适用

3. 额外信号

各国政府可根据实际需要为军舰及护航下的船舶制定额外的队形灯、信号灯、号型或笛号；为结队从事捕鱼的船舶制定额外的队形灯、信号灯、号型。

为避免造成识别上的误解，对这些额外的队形灯、信号灯、号型或笛号的制定，尽可能不致被误认为本规则其他条文所规定的任何号灯、号型或信号。对于军舰及护航下的船舶和结队从事捕鱼的船舶，可增加信号，但仍遵守《规则》要求其显示规定的号灯、号型或鸣放适当的声号。

4. 分道通航制规定

本款表明《规则》有关分道通航条款适用于国际海事组织所采纳的分道通航制，未被国际海事组织采纳的分道通航制是否适用《规则》应由设置它的各国政府专门立法规定。

5. 特殊构造或用途的船舶信号规定

某种特殊构造的船舶主要是指军舰、专用作业船舶和某些新型船舶等。由于其特殊构造或用途所限而使其不能完全遵守《规则》有关号灯或号型的数量、位置、能见距离或弧度以及声号设备的规定，各国政府可作另行规定。如，军舰如果无法设置后桅灯，只要其政府确定，可以不设置后桅灯；航空母舰可以不把桅灯装设在船首尾中心线上，两盏舷灯可以偏于一舷；某些客滚船及大型集装箱船舶通常将舷灯置于船首等。为了避免造成识别上的困难，在技术细节方面应尽可能符合规则要求。

第二节　一般定义

本节要点： 本节对《规则》第三条　一般定义中 13 个名词术语作了解释，该解释对整个《规则》普遍适用。在解释和运用某一名词术语的定义时，须考虑《规则》特定条款对该名词术语的"另有解释"。

一、条款内容

除条文另有解释外，在本规则中：

1. "船舶"一词，指用作或者能够用作水上运输工具的各类水上船筏，包括非排水船筏、地效船和水上飞机。

2. "机动船"一词，指用机器推进的任何船舶。

3. "帆船"一词，指任何驶帆的船舶，包括装有推进器但不在使用。

4. "从事捕鱼的船舶"一词，指使用网具、绳钓、拖网或其他使其操纵性能受到限制的渔具捕鱼的任何船舶，但不包括使用曳绳钓或其他并不使其操纵性能受到限制的渔具捕鱼的船舶。

5. "水上飞机"一词，包括为能在水面操纵而设计的任何航空器。

6. "失去控制的船舶"一词，指由于某种异常的情况，不能按本规则条款的要求进行操纵，因而不能给他船让路的船舶。

7. "操纵能力受到限制的船舶"一词，指由于工作性质，使其按本规则条款要求进行操纵的能力受到限制，因而不能给他船让路的船舶。

"操纵能力受到限制的船舶"一词应包括，但不限于下列船舶：

（1）从事敷设、维修或起捞助航标志、海底电缆或管道的船舶；

（2）从事疏浚、测量或水下作业的船舶；

（3）在航中从事补给或转运人员、食品或货物的船舶；

（4）从事发射或回收航空器的船舶；

（5）从事清除水雷作业的船舶；

（6）从事拖带作业的船舶，而该项拖带作业使该拖船及其拖带物驶离其航向的能力严重受到限制者。

8. "限于吃水的船舶"一词，指由于吃水与可航水域的可用水深和宽度的关系，致使其驶离航向的能力严重地受到限制的机动船。

9. "在航"一词，指船舶不在锚泊、系岸或搁浅。

10. 船舶的"长度"和"宽度"是指其总长度和最大宽度。

11. 只有当两船中的一船能自他船以视觉看到时，才应认为两船是在互见中。

12. "能见度不良"一词，指任何由于雾、霾、下雪、暴风雨、沙暴或任何其他类似原因而使能见度受到限制的情况。

13. "地效船"一词，系指多式船艇，其主要操作方式是利用表面效应贴近水面飞行。

二、条款解释

1. 船舶

《规则》中的船舶是指一切船筏，不论其种类、大小、形状、结构、推进方式或用途如何，只要其用作或能够用作水上运输工具，均属船舶。如客船、货船、帆船、划桨船、独木舟、摇橹的船舶、竹木排和筏、工程作业船、科学考察船、政府公务船、军用船舶、渔船、非排水状态下的气垫船、水翼船以及在水面航行、漂浮或停泊的水上飞机。但作为助航标志的灯船、专作浮码头的船和宇宙飞船不属于船舶。

2. 机动船

机动船是指用机器推进的任何船舶。无论船舶使用何种类型的机器推进，均属于机动船，如图 1-4 所示。在理解"机动船"一词时，应注意：

①除装有推进机器而不在使用的帆船外，任何装有推进机器的船舶，均为机动船；

②本款中的"机器推进"一词，并非指正在使用机器推进，即使一船关闭主机，在水面上漂浮，仍应视为机动船；

③用机器推进的任何船舶，一旦构成"失去控制的船舶""操纵能力受到限制的船舶"或"从事捕鱼的船舶"等，则不属于机动船的范畴。

3. 帆船

①帆船是指一切驶帆的船舶，包括装有推进器而不在使用者，如图1-5所示。

②同时使用机器和帆的船应视为"机动船"。

③不驶帆，仅使用机器的船为"机动船"。

④装有机器但即不使用帆也不使用机器者，就机动船的定义而言，应作为机动船，但航海的经验和惯例，最终将这种船视为"帆船"。

图1-4　机动船

图1-5　帆船

4. 从事捕鱼的船舶

渔船并不一定是从事捕鱼的船舶，一般只要同时满足以下两个条件，不论其是处于锚泊还是在航状态均应视为"从事捕鱼的船舶"：

①正在从事捕鱼作业，通常是指从下网开始到收网完毕的捕鱼过程。若一船正驶往渔场或返回渔港途中，或在海上搜索鱼群，或使用曳绳钓、手钓的船舶均不属于"从事捕鱼的船舶"。

②作业时使用的渔具使其操纵性能受到限制。通常使其操纵性能受到限制的捕鱼方式有流网、围网、张网、拖网、绳钓作业等，如图1-6所示。

5. 水上飞机

水上飞机是指能在水面漂浮、航行、起飞、降落的飞机、飞艇或其他航空器，如图1-7所示。但不包括在水面上迫降的遇险飞机、非排水状态下的气垫船、非排水状态下的地效船。

图 1-6　从事捕鱼的船舶

图 1-7　水上飞机

6. 失去控制的船舶

①失控形成的原因，必须是产生了异常情况，"某种异常情况"主要是指船舶本身的异常情况和外部条件出现意想不到的突发事件。

②失控的结果是不能按《规则》各条要求进行操纵，因而不能给他船让路。

③失控船应特别谨慎按《规则》显示号灯和号型。

④失去控制的船舶只存在于在航中，失去控制的船舶一旦锚泊或搁浅，就不是失控船。下列情况通常被视为"失控"：

a. 主机或舵机发生故障，失去动力，无法保持航向；

b. 车叶损坏或舵叶丢失；

c. 船舶发生火灾，使船舶处于危险中，并且正在按灭火要求进行操纵；

d. 风大流急，导致锚泊船走锚；e. 处于无风中的帆船；

f. 大风浪导致船舶无法变向和变速，但在大风浪中，一般性操纵困难，不能作为失控船；

g. 船舶碰撞后，干舷消失，无法正常航行的船舶。

7. 操纵能力受到限制的船舶

①符合"操纵能力受到限制的船舶"必须满足两个条件：

a. 由于工作性质。"由于工作性质"是指一船正在进行某项工作或作业，而不是指该船用于某项工作或作业；

b. 按本规则条款的要求进行操纵的能力受到限制，因而不能给他船让路。其原因不是船舶本身的操纵性能不好，而是受从事的工作或作业的影响。

②下列船舶不作为操限船：

a. 挖泥船不在挖泥时，扫雷船不在扫雷时；

b. 船舶正在进行测速或校正罗经差；

c. 接送引航员的引航船；

d. 锚泊中上下船员，锚泊中并靠在一起转移货物作业的船舶；

e. 从事拖带作业，而该作业使拖船偏离航向的能力没有受到限制者。

8. 限于吃水的船舶

限于吃水的船舶只能存在于在航状态，判断一船是否为限于吃水的船舶，必须同时满足三个条件：

①吃水与可航水域的水深和宽度的关系，如图1-8、图1-9所示；

②致使其驶离航向的能力严重受到限制；

③必须是一艘机动船。

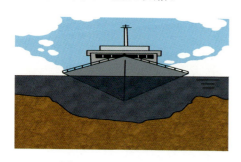

图1-8　限于吃水的船舶

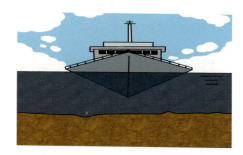

图1-9　不属于限于吃水的船舶

9. 在航

《规则》把船舶的运动状态分为在航、锚泊、系岸和搁浅4种状态。如果船舶不在锚泊、系岸和搁浅，则必然处于在航状态。在航包括对水移动和不对水移动两种状态。

（1）锚泊　锚泊是指船舶在锚的抓力牢固地控制下的一种运动状态。船舶只有当锚抛下并且已抓牢时，才能认为在锚泊中。应注意：

①系靠于另一锚泊船视为锚泊；

②锚泊中，为抑制船舶偏荡，持续地使主机保持微速前进的船舶为锚泊；

③在航中抛锚协助掉头、拖锚制速不作为锚泊；

④走锚的船舶应视为在航。

（2）系岸　系岸是指船舶依靠缆绳系牢于岸上的系缆装置上。通常认为靠泊时第一根缆绳牢固地系带在岸上的缆桩，即认为在航的结束，系岸的开始；离泊时，最后一根缆绳解清，即认为在航的开始，系岸的结束。应注意：

①系靠于另一系岸船视为系岸；

②系浮筒是系岸（系码头）的一种补充，系浮船和系岸船一样可以从事装卸作业，故系浮筒可以视为系岸。

（3）搁浅　搁浅是指船舶全部或部分搁置在浅滩上，丧失或部分丧失浮力而无法漂浮或航行，搁浅船即使在主机驱动下可以局部移动或转动也应认为是处于搁浅状态。

10. 船舶的长度和宽度

船舶总长度是指船首的最前端至船尾的最后端（包括外板和两端永久性固定突出物在内）的水平间距。船舶最大宽度是指包括船舶外板和永久固定突出物在内的垂直于纵中线面的最大水平距离。

11. 互见

①"互见"以视觉看到为依据，包括使用望远镜。

②"互见"的构成并不以"相互看见"为条件；"互见"是一船能以看见他船的船体、号灯和灯光信号来准确判断出其首向和动向；而只能见到他船影子而看不清轮廓或夜间看不清他船号灯时不应认为在互见中。

③"互见"适用于任何能见度。

12. 能见度不良

《规则》没有对能见度不良作出定量的规定，但航海实践中通常的做法是能见度小于 5n mile 时，即应将主机备好车，当能见度 2n mile 时，按规定鸣放雾号。"任何其他类似的原因"是指来自本船、他船或岸上的烟雾以及尘暴等。

在理解规则时应注意：

①在狭水道的弯头或岛礁区两船被居间障碍物遮蔽而相互看不见的情况不属于能见度不良；

②能见度不良并不是指船舶无法用视觉看见他船；

③能见度不良时存在互见的情况；

13. 地效船

地效船有多种操作方式，可以在水面操纵，可以在空中飞行，也可以贴近水面利用表面效应飞行，而后者为其主要操作方式，如图 1-10 所示。

图 1-10　地效船

1.《规则》的适用范围包括哪些水域？

2. 哪些水域可制定特殊规定？

3. 如何处理《规则》和特殊规定之间的关系？

4. 从事捕鱼的船舶可以制定哪些额外信号？

5. 船舶、帆船、从事捕鱼的船舶、失去控制的船舶、操纵能力受到限制的船舶、限于吃水的船舶、互见和在航在《规则》中是如何定义的？

第二章　号灯和号型

第一节　概　　述

本节要点：船舶号灯和号型是用来表示船舶种类、大小、动态和工作性质的灯光与型体，是互见中船舶避碰的主要信息来源，船舶驾驶人员应当熟记。本节主要介绍《规则》第二十条适用范围、第二十一定义、第二十二条号灯的能见距离，包括号灯和号型的显示时间及号灯的基本位置、类别、灯光和发光光弧。

一、号灯和号型的适用范围

（一）条款内容

1. 本章条款在各种天气中都应遵守。

2. 有关号灯的各条规定，从日没到日出时都应遵守。在此期间不应显示别的灯光，但那些不会被误认为本规则各条款订明的号灯，或者不会削弱号灯的能见距离或显著特性，或者不会妨碍正规瞭望的灯光除外。

3. 本规则条款所规定的号灯，如已设置，也应在能见度不良的情况下从日出到日没时显示，并可在一切其他认为必要的情况下显示。

4. 有关号型的各条规定，在白天都应遵守。

5. 本规则条款订明的号灯和号型，应符合本规则附录一（略）的规定。

（二）条款解释

1. 适用范围

在各种天气情况下，船舶均应正确显示号灯和号型。

2. 号灯的显示时间

①从日没到日出。

②能见度不良的白天。

③一切认为有必要的情况下，如晨昏蒙影，能见度良好但阴云密布、光

线较暗的白天等。

3. 不应显示的灯光

①可能会被误认为《规则》订明的号灯的灯光，如驾驶台下方窗口朝前的室内灯光等。

②可能会削弱号灯的能见距离或显著特性的灯光，如甲板照明灯及舷灯附近的室内灯光等。

③可能会妨碍正规瞭望的灯光，如驾驶室内及海图室内的灯光和甲板照明灯等。

4. 号型的显示时间

号型的显示时间为白天，包括从日出到日没、日出前和日出后的晨昏蒙影期间。因此，应同时显示号灯和号型的时间为在能见度不良或天色受影响的白天以及晨昏蒙影时。

5. 显示号灯、号型的注意事项

①开航前应当试验和检查各号灯是否正常显示，并备妥号型和应急号灯。

②在交接班时检查号灯是否工作正常，若发现损坏或熄灭，应当及时更换或修复。

③航行中发现他船时，应检查本船的号灯是否正常显示。

④注意检查本船有无其他会被误认为或干扰号灯特性的灯光，如有的话，则应及时处理。

⑤不得显示不符合本船情况的号灯和号型，如主机故障失控，应当显示失去控制的船舶的号灯和号型等。

二、号灯的定义

1. "桅灯"是指安置在船的首尾中心线上方的白灯，在225°的水平弧内显示不间断的灯光，其装置要使灯光从船的正前方到每一舷正横后22.5°内显示。

2. "舷灯"是指右舷的绿灯和左舷的红灯，各在112.5°的水平弧内显示不间断的灯光，其装置要使灯光从船的正前方到各自一舷的正横后22.5°内分别显示。长度小于20m的船舶，其舷灯可以合并成一盏，装设于船的首尾中心线上。

3. "尾灯"是指安置在尽可能接近船尾的白灯，在135°的水平弧内显示不间断的灯光，其装置要使灯光从船的正后方到每一舷 67.5°内显示。

4."拖带灯"是指具有与本条 3 款所述"尾灯"相同特性的黄灯。

5."环照灯"是指在 360°的水平弧内显示不间断灯光的号灯。

6."闪光灯"是指每隔一定时间以频率为每分钟闪 120 次或 120 次以上的号灯。

根据《规则》，以长度大于等于 50m 的机动船为例，其桅灯、舷灯和尾灯的水平照射弧度，如图 2-1 所示。

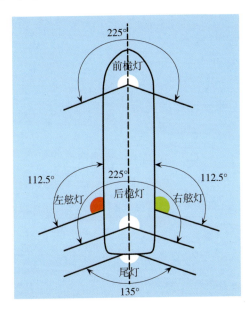

图 2-1 桅灯、舷灯和尾灯的水平照射弧度

三、号灯的能见距离

本规则条款规定的号灯，应具有本规则附录一第 8 节（略）订明的发光强度，以便在下列最小距离上能被看到：

1. 长度为 50m 或 50m 以上的船舶：

——桅灯，6n mile；

——舷灯，3n mile；

——尾灯，3n mile；

——拖带灯，3n mile；

——白、红、绿或黄色环照灯，3n mile。

2. 长度为 12m 或 12m 以上但小于 50m 的船舶：

——桅灯，5n mile；但长度小于 20m 的船舶，3n mile；

——舷灯，2n mile；

——尾灯，2n mile；

——拖带灯，2n mile；

——白、红、绿或黄色环照灯，2n mile。

3. 长度小于 12m 的船舶：

——桅灯，2n mile；

——舷灯，1n mile；

——尾灯，2n mile；

——拖带灯，2n mile；

——白、红、绿或黄色环照灯，2n mile。

4. 不易察觉的、部分淹没的被拖带船舶或物体：

——白色环照灯，3n mile。

综合《规则》第二十一条、第二十二条的规定，号灯的类别、灯色、水平光弧和能见距离，如表 2-1 所示。

表 2-1　各种号灯的灯色、水平光弧和最小能见距离

号灯类别	灯色	水平光弧（°）	最小能见距离（n mile）			
			$L \geqslant 50m$	$20m \leqslant L < 50m$	$12m \leqslant L < 20m$	$L < 12m$
桅灯	白	225	6	5	3	2
舷灯	左红、右绿	112.5	3	2	2	1
尾灯	白	135	3	2	2	2
拖带灯	黄	135	3	2	2	2
环照灯	红、绿、白、黄	360	3	2	2	2
操纵号灯	白	360	5			
闪光灯	黄	360	对能见距离未作规定，但其闪光频率为 120 次/min 或以上			

注：①表中 L 为船长；
　　②不易察觉的、部分被淹没的被拖体上要求显示的白色环照灯，能见距离为 3n mile；
　　③在相互临近处捕鱼的渔船规定的额外号灯应能在水平四周至少 1n mile 的距离上被看到，但应小于《规则》为渔船规定的号灯的能见距离。

第二节　各类船舶的号灯和号型

本节要点：船舶应当按规定显示或者悬挂相应的号灯和号型，表明本船的动态，也便于他船识别，是决定避让的主要依据，又是判定碰撞事故

责任的法律依据。本节主要介绍《规则》第二十三条在航机动船、第二十四条拖带与顶推、第二十五条在航帆船和划桨船、第二十六条渔船、第二十七条失去控制或操纵能力受到限制的船舶、第二十八条限于吃水的船舶、第二十九条引航船舶、第三十条锚泊船和搁浅船舶、第三十一条水上飞机，包括各类船舶在不同状态下应显示的号灯和号型。

一、在航机动船

（一）条款内容

1. 在航机动船应显示：

（1）在前部一盏桅灯；

（2）第二盏桅灯，后于并高于前桅灯；长度小于 50m 的船舶，不要求显示该桅灯，但可以这样做；

（3）两盏舷灯；

（4）一盏尾灯。

2. 气垫船在非排水状态下航行时，除本条 1 款规定的号灯外，还应显示一盏环照黄色闪光灯。

3. 除本条 1 款规定的号灯外，地效船只有在起飞、降落和贴近水面飞行时，才应显示高亮度的环照红色闪光灯。

4. （1）长度小于 12m 的机动船，可以显示一盏环照白灯和舷灯以代替本条 1 款规定的号灯；

（2）长度小于 7m 且其最高速度不超过 7kn 的机动船，可以显示一盏环照白灯以代替本条 1 款规定的号灯。如可行，也应显示舷灯；

（3）长度小于 12m 的机动船的桅灯或环照白灯，如果不可能装设在船的首尾中心线上，可以离开中心线显示，条件是其舷灯合并成一盏，并应装设在船的首尾中心线上或尽可能地装设在接近该桅灯或环照灯所在的首尾线处。

（二）条款解释

1. 在航机动船

①船舶长度大于等于 50m 的在航机动船，应显示前桅灯、后桅灯、舷灯、尾灯，如图 2-2 所示。

②船舶长度小于 50m 的在航机动船，应显示前桅灯、舷灯、尾灯，亦可显示后桅灯，如图 2-3 所示。

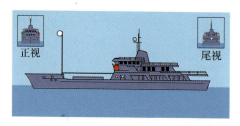

图 2-2　船舶长度≥50m 的在航机动船　　　　图 2-3　船舶长度＜50m 的在航机动船

2. 气垫船和地效船

①气垫船，应显示桅灯、舷灯、尾灯，在非排水状态下航行时，另加一盏环照黄色闪光灯，如图 2-4 所示。

②地效船，按同等长度机动船显示桅灯、舷灯和尾灯，只有在起飞、降落和贴近水面飞行时，才应显示高亮度的环照红色闪光灯，如图 2-5 所示。

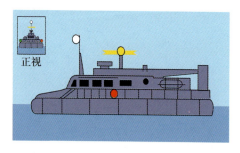

图 2-4　非排水状态下航行时的气垫船　　　　图 2-5　起飞时的地效船

3. 小船

①船舶长度小于 12m 的在航机动船，可以显示环照白灯、舷灯，如图 2-6 所示。

②船舶长度小于 7m 其最高速度不超过 7kn 的机动船，可以显示一盏环照白灯，如图 2-7 所示。

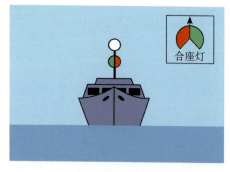

图 2-6　船舶长度＜12m 的在航机动船　　　　图 2-7　船舶长度＜7m 的在航机动船

二、拖带与顶推

(一) 条款内容

1. 机动船当拖带时应显示：

(1) 垂直两盏桅灯，以取代第二十三条 1 款 (1) 项或 1 款 (2) 项规定的号灯。当从拖船船尾至被拖物体后端的拖带长度超过 200m 时，垂直显示 3 盏这样的号灯。

(2) 两盏舷灯。

(3) 一盏尾灯。

(4) 一盏拖带灯位于尾灯垂直上方。

(5) 当拖带长度超过 200m 时，在最易见处显示一个菱形体号型。

2. 当一顶推船和一被顶推船牢固地连接成为一组合体时，则应作为一艘机动船，显示第二十三条规定的号灯。

3. 机动船当顶推或旁拖时，除组合体外，应显示：

(1) 垂直两盏桅灯，以取代第二十三条 1 款 (1) 项或 1 款 (2) 项规定的号灯；

(2) 两盏舷灯；

(3) 一盏尾灯。

4. 适用本条 1 或 3 款的机动船，还应遵守第二十三条 1 款 (2) 项的规定。

5. 除本条 7 款所述者外，一被拖船或被拖物体应显示：

(1) 两盏舷灯；

(2) 一盏尾灯；

(3) 当拖带长度超过 200m 时，在最易见处显示一个菱形体号型。

6. 任何数目的船舶如作为一组被旁拖或顶推时，应作为一艘船来显示号灯：

(1) 一艘被顶推船，但不是组合体的组成部分，应在前端显示两盏舷灯；

(2) 一艘被旁拖的船应显示一盏尾灯，并在前端显示两盏舷灯。

7. 一艘不易觉察的、部分淹没的被拖船或物体或者这类船舶或物体的组合体应显示：

(1) 除弹性拖曳体不需要在前端或接近前端处显示灯光外，如宽度小于

25m，在前后两端或接近前后两端处各显示一盏环照白灯；

（2）如宽度为 25m 或 25m 以上时，在两侧最宽处或接近最宽处，另加两盏环照白灯；

（3）如长度超过 100m，在（1）和（2）项规定的号灯之间，另加若干环照白灯，使得这些灯之间的距离不超过 100m；

（4）在最后一艘被拖船或物体的末端或接近末端处，显示一个菱形体号型，如果拖带长度超过 200m 时，在尽可能前部的最易见处另加一个菱形体号型。

8. 凡由于任何充分理由，被拖船舶或物体不可能显示本条 5 或 7 款规定的号灯或号型时，应采取一切可能的措施使被拖船舶或物体上有灯光，或至少能表明这种船舶或物体的存在。

9. 凡由于任何充分理由，使得一艘通常不从事拖带作业的船不可能按本条 1 或 3 款的规定显示号灯，这种船舶在从事拖带另一遇险或需要救助的船时，就不要求显示这些号灯。但应采取如第三十六条所准许的一切可能措施来表明拖带船与被拖船之间关系的性质，尤其应将拖缆照亮。

（二）条款解释

1. 机动船当拖带时

①拖带长度大于 200m 时，用垂直 3 盏桅灯取代一盏桅灯，再加拖带灯；被拖船应当显示舷灯、尾灯，如图 2-8 所示。"拖带长度"是指自拖船船尾至被拖船船尾间的水平距离。

②拖带长度小于等于 200m 时，用垂直两盏桅灯取代一盏桅灯，再加拖带灯；被拖船应当显示舷灯、尾灯，如图 2-9 所示。

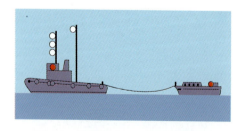
图 2-8　拖带长度≥200m 的拖带船

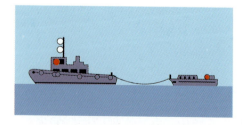
图 2-9　拖带长度＜200m 的拖带船

③当拖带长度大于 200m 时，在拖带船和被拖带船最易见处显示一个菱形体号型，如图 2-10 所示。

2. 组合体

当一顶推船和一被顶推船牢固地连接成为一组合体时，则应作为一艘机动船显示号灯，如图 2-11 所示。组合体无须显示号型。

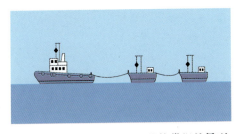

图 2-10 拖带长度≥200m的拖带组的号型

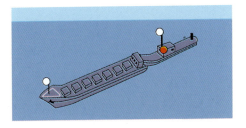

图 2-11 顶推船与被顶推船成为组合体

3. 机动船顶推时

从事顶推的机动船，用垂直两盏桅灯取代一盏桅灯；被顶推船应当显示两盏舷灯，如图 2-12、图 2-13 所示。

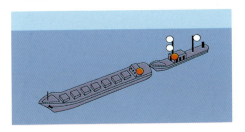

图 2-12 顶推船长度≥50m的顶推船

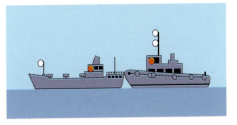

图 2-13 顶推船长度＜50m的顶推船

4. 机动船当旁拖时

从事旁拖的机动船，用垂直两盏桅灯取代一盏桅灯；被旁拖船应当显示两盏舷灯、一盏尾灯，如图 2-14 所示。

5. 一艘通常不从事拖带作业的船舶在从事拖带另一遇险或需要救助的船舶

当一艘通常不从事拖带作业的船舶不可能按照本条 1 或 3 款的规定显示号灯时，应将拖缆照亮，以此来表明拖船与被拖船之间关系，如图 2-15 所示。

6. 一艘不易觉察的、部分淹没的被拖船舶或物体或者这类船舶或物体的组合体

①被拖物体宽度小于 25m，在前后两端或接近前后两端处各显示一盏环照白灯，如图 2-16 所示。

②被拖物体宽度大于等于 25m，在两侧最宽处或接近最宽处，另加两盏环照白灯，如图 2-17 所示。

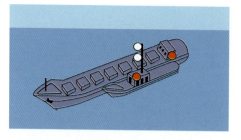

图 2-14　船舶长度＜50m 的旁拖船

图 2-15　不从事拖带作业的船舶拖带时

③被拖物体长度超过 100m，另加若干环照白灯，如图 2-18 所示。

④在最后一艘被拖船或物体的末端或接近末端处，显示一个菱形体号型，如果拖带长度超过 200m 时，在尽可能前部的最易见处另加一个菱形体号型，如图 2-19 所示。

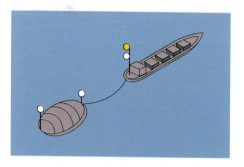

图 2-16　被拖物体宽度＜25m

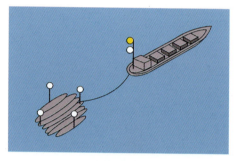

图 2-17　被拖物体宽度≥25m

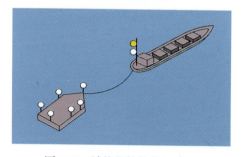

图 2-18　被拖物体长度＞100m

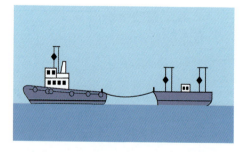

图 2-19　拖带超过 200m，不易觉察的被拖船

三、在航帆船和划桨船

（一）条款内容：

1. 在航帆船应显示：

（1）两盏舷灯；

（2）一盏尾灯。

2. 在长度小于 20m 的帆船上，本条 1 款规定的号灯可以合并成一盏，装设在桅顶或接近桅顶的最易见处。

3. 在航帆船，除本条 1 款规定的号灯外，还可在桅顶或接近桅顶的最易见处，垂直显示两盏环照灯，上红下绿。但这些环照灯不应和本条 2 款所允许的合色灯同时显示。

4. （1）长度小于 7m 的帆船，如可行，应显示本条 1 或 2 款规定的号灯。但如果不这样做，则应在手边备妥白光的电筒一个或点着的白灯一盏，及早显示，以防碰撞。

（2）划桨船可以显示本条为帆船规定的号灯，但如不这样做，则应在手边备妥白光的电筒一个或点着的白灯一盏，及早显示，以防碰撞。

5. 用帆行驶同时也用机器推进的船舶，应在前部最易见处显示一个圆锥体号型，尖端向下。

（二）条款解释

1. 在航帆船

①船舶长度大于等于 20m 的在航帆船，应显示两盏舷灯、一盏尾灯，如图 2-20 所示；还可在桅顶处垂直显示上红下绿两盏环照灯，如图 2-21 所示。

②船舶长度小于 20m 的在航帆船，可以显示两盏舷灯和尾灯，也可以将舷灯和尾灯合并成一盏"三色合座灯"，如图 2-22 所示。

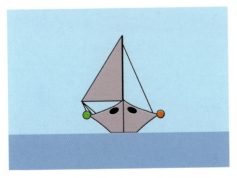

图 2-20　船舶长度≥20m 的在航帆船

图 2-21　船舶长度≥20m 的在航帆船

③船舶长度小于 7m 的在航帆船，如可行，应当显示舷灯和尾灯，或"三色合座灯"；如不可行，则在手边备妥白光的电筒一个或点着的白灯一盏，如图 2-23 所示。

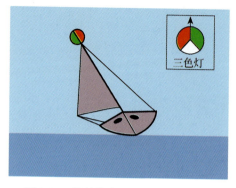

图 2-22 船舶长度＜20m 的在航帆船

图 2-23 船舶长度＜7m 的在航帆船

2. 机帆并用船

机帆并用船，应当按照机动船规定显示其号灯；对于其号型，应在前部最易见处显示一个圆锥体号型，尖端向下，如图 2-24 所示。

3. 划桨船

划桨船，可以按照帆船的显示号灯，但如不这样做，则应在手边备妥白光的电筒一个或点着的白灯一盏，如图 2-25 所示。

图 2-24 机帆并用船应显示的号型

图 2-25 划桨船

四、渔船

（一）条款内容

1. 从事捕鱼的船舶，不论在航还是锚泊，只应显示本条规定的号灯和号型。

2. 船舶从事拖网作业，即在水中拖曳爬网或其他用作渔具的装置时，应显示：

（1）垂直两盏环照灯，上绿下白，或一个由上下垂直、尖端对接的两个圆锥体所组成的号型；

（2）一盏桅灯，后于并高于那盏环照绿灯；长度小于 50m 的船舶，则不要求显示该桅灯，但可以这样做；

（3）当对水移动时，除本款规定的号灯外，还应显示两盏舷灯和一盏尾灯。

3. 从事捕鱼作业的船舶，除拖网作业者外，应显示：

（1）垂直两盏环照灯，上红下白，或一个由上下垂直、尖端对接的两个圆锥体所组成的号型；

（2）当有外伸渔具，其从船边伸出的水平距离大于 150m 时，应朝着渔具的方向显示一盏环照白灯或一个尖端向上的圆锥体号型；

（3）当对水移动时，除本款规定的号灯外，还应显示两盏舷灯和一盏尾灯。

4. 本规定附录二（略）所述的额外信号，适用于在其他捕鱼船舶附近从事捕鱼的船舶。

5. 船舶不从事捕鱼时，不应显示本条规定的号灯或号型，而只应显示为其同样长度的船舶所规定的号灯或号型。

（二）条款解释

1. 从事拖网作业的渔船

①从事拖网作业的渔船，应显示上绿下白两盏环照灯，舷灯、尾灯（不对水移动时应关闭），船长大于等于 50m 应显示一盏后桅灯，如图 2-26、图 2-27、图 2-28 所示。

②长度大于等于 20m 的船舶从事拖网作业，不论在航还是锚泊，应显示一个由上下垂直、尖端对接的两个圆锥体所组成的号型，如图 2-29 所示。

③从事拖网作业的渔船，锚泊时同在航不对水移动的号灯和号型。

2. 在相互邻近处捕鱼的渔船额外信号

①从事拖网捕鱼放网时：垂直两盏白灯，如图 2-30 所示。

②从事拖网捕鱼起网时：垂直两盏灯，上白下红灯，如图 2-31 所示。

③从事拖网捕鱼网挂住障碍物时：垂直两盏红灯，如图 2-32 所示。

④从事对拖网作业的各船在夜间，应朝着前方并向本对拖网中另一船的方向照射的探照灯，如图 2-33 所示。

⑤围网渔船的额外信号：当该围网渔船的行动为其渔具所妨碍时，可显示垂直两盏黄色号灯，如图 2-34 所示。

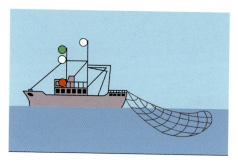

图 2-26　拖网渔船对水移动
（船长≥50m）

图 2-27　拖网渔船对水移动
（船长＜50m）

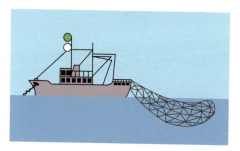

图 2-28　不对水移动或锚泊
（船长＜50m）

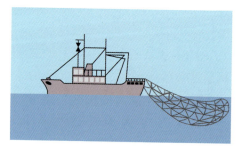

图 2-29　拖网渔船在航或锚泊
（船长≥20m）

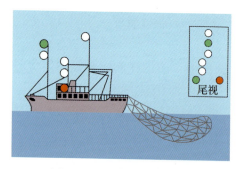

图 2-30　从事拖网捕鱼放网
（船长≥50m）

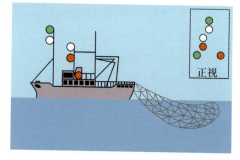

图 2-31　从事拖网捕鱼起网
（船长＜50m）

3. 从事非拖网作业的渔船

①从事非拖网作业的渔船，不论在航还是锚泊，应显示上红下白两盏环照灯；当渔具外伸的水平距离大于 150m 时，应朝着渔具的方向显示一盏环照白灯；当对水移动时，还应显示两盏舷灯和一盏尾灯，如图 2-35、图 2-36 所示。

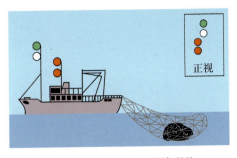

图 2-32 拖网时网挂住障碍物
（船长＜50m）

图 2-33 对拖

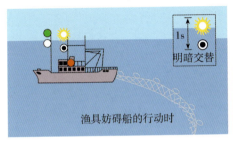

图 2-34 围网渔船额外信号

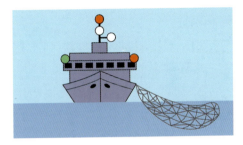

图 2-35 非拖网渔船对水移动

②从事非拖网作业的渔船，不论在航还是锚泊，应显示一个由上下垂直、尖端对接的两个圆锥体所组成的号型，当渔具外伸的水平距离大于 150m 时，应朝着渔具的方向显示一个尖端向上的圆锥号型，如图 2-37 所示。

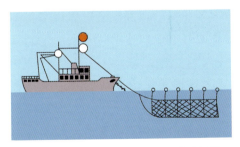

图 2-36 非拖网渔船不对水移动或锚泊

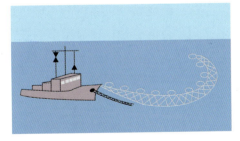

图 2-37 从事非拖网作业的渔船在航或锚泊

五、失去控制或操纵能力受到限制的船舶

（一）条款内容

1. 失去控制的船舶应显示：

（1）在最易见处，垂直两盏环照红灯；

（2）在最易见处，垂直两个球体或类似的号型；

（3）当对水移动时，除本款规定的号灯外，还应显示两盏舷灯和一盏尾灯。

2. 操纵能力受到限制的船舶，除从事清除水雷作业的船舶外，应显示：

（1）在最易见处，垂直三盏环照灯，最上和最下者应是红色，中间一盏应是白色；

（2）在最易见处，垂直三个号型，最上和最下者应是球体，中间一个应是菱形体；

（3）当对水移动时，除本款（1）项规定的号灯外，还应显示桅灯、舷灯和尾灯；

（4）当锚泊时，除本款（1）和（2）项规定的号灯或号型外，还应显示第三十条规定的号灯号型。

3. 从事一项使拖船和被拖物体双方在驶离其航向的能力上受到严重限制的拖带作业的机动船，除显示第二十四条1款规定的号灯或号型外，还应显示本条2款（1）和（2）项规定的号灯或号型。

4. 从事疏浚或水下作业的船舶，当其操纵能力受到限制时，应显示本条2款（1）、（2）和（3）项规定的号灯和号型。此外，当存在障碍物时，还应显示：

（1）在障碍物存在的一舷，垂直两盏环照红灯或两个球体；

（2）在他船可以通过的一舷，垂直两盏环照绿灯或两个菱形体；

（3）当锚泊时，应显示本款规定的号灯或号型以取代第三十条规定的号灯或号型。

5. 当从事潜水作业的船舶其尺度使之不可能显示本条4款规定的号灯和号型时，则应显示：

（1）在最易见处垂直三盏环照灯，最上和最下者应是红色，中间一盏应是白色；

（2）一个国际信号旗"A"的硬质复制品，其高度不小于1m，并应采取措施以保证周围都能见到。

6. 从事清除水雷作业的船舶，除显示第二十三条为机动船规定的号灯或第三十条为锚泊船规定的号灯或号型外，还应显示三盏环照绿灯或三个球体。这些号灯或号型之一应在接近前桅桅顶处显示，其余应在前桅桁两端各显示一个。这些号灯或号型表示他船驶近至清除水雷船1 000m以内是危险的。

7. 除从事潜水作业的船舶外，长度小于 12m 的船舶，不要求显示本条规定的号灯和号型。

8. 本条规定的信号不是船舶遇险求救的信号。船舶遇险求救的信号载于本规则附录四（略）内。

（二）条款解释

1. 失去控制的船舶

①失去控制的船舶，应显示垂直两盏环照红灯；对水移动时，还应显示两盏舷灯和一盏尾灯，如图 2-38、图 2-39 所示。

图 2-38　失去控制的船舶对水移动

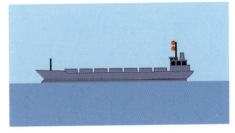
图 2-39　失去控制的船舶不对水移动

②失去控制的船舶，应显示垂直两个球体或类似的号型，如图 2-40 所示。

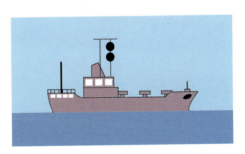
图 2-40　失去控制的船舶在航

2. 操纵能力受到限制的船舶

①操纵能力受到限制的船舶，除从事拖带、清除水雷、疏浚或水下作业的船舶外，应显示的号灯：垂直红白红三盏环照灯；在航对水移动时，还应显示桅灯、舷灯和尾灯；锚泊时，还应显示第三十条规定的号灯，如图 2-41、图 2-42 所示。

②操纵能力受到限制的船舶，除从事拖带、清除水雷、疏浚或水下作业

的船舶外，应显示号型：垂直球菱球三个号型；锚泊时，还应显示第三十条规定的号型，如图2-43、图2-44所示。

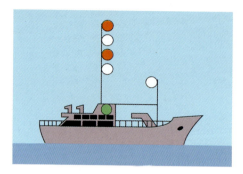

图2-41　普通操限船在航对水移动

（船长≥50m）

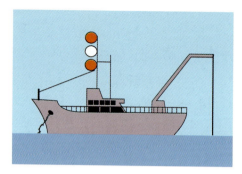

图2-42　普通操限船在航不对水移动

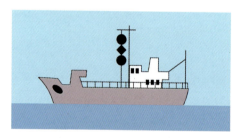

图2-43　普通操限船在航

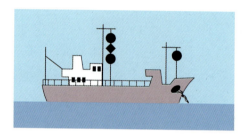

图2-44　普通操限船锚泊

3. 从事拖带而不能偏离航向的机动船

①从事拖带而不能偏离航向的机动船，应显示的号灯：除了第二十四条1款规定的号灯外，还应显示垂直红白红三盏环照灯，如图2-45所示。

②从事拖带而不能偏离航向的机动船，应显示的号型：除了第二十四条1款规定的号型外，还应显示垂直球菱球三个号型，如图2-46所示。

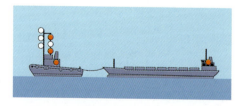

图2-45　从事拖带而不能偏离航向的机动船

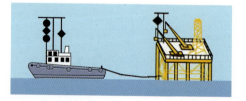

图2-46　从事拖带而不能偏离航向的机动船

4. 从事疏浚或水下作业的船舶操纵能力受到限制

①从事疏浚或水下作业操纵能力受到限制的船舶，应显示的号灯：垂直

红、白、红三盏环照灯；在航对水移动时，还应显示桅灯、舷灯和尾灯；当存在障碍物时，在有障碍物的一舷，显示垂直两盏红色环照灯；在他船可通过的一舷，显示垂直两盏绿色环照灯；如图2-47、图2-48所示。

②从事疏浚或水下作业操纵能力受到限制的船舶，应显示的号型：垂直球菱球三个号型；当存在障碍物时，在有障碍物的一舷，显示垂直两个球体；在他船可通过的一舷，显示垂直两个菱形体，如图2-49所示。

③锚泊时，不再显示第三十条规定的号灯或号型。

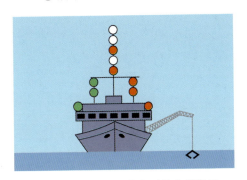

图2-47 从事疏浚或水下作业操限船

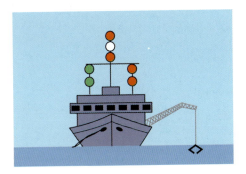

图2-48 从事疏浚或水下作业操限船（不对水移动）

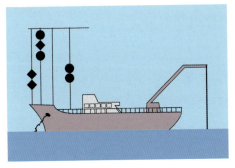

图2-49 从事疏浚或水下作业操限船号型

5. 从事潜水作业的小船

从事潜水作业的小船，不能显示本条4款为水下作业的船舶规定的号灯和号型时，则应显示：

①在最易见处，垂直红白红三盏环照灯，如图2-50所示。

②一个国际信号旗"A"的硬质复制品，如图2-51所示。

6. 从事清除水雷作业的船舶

从事清除水雷作业的船舶，除按同等长度机动船在航或锚泊时显示号

图 2-50　从事潜水作业的小船的号灯

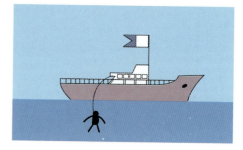

图 2-51　从事潜水作业的小船的号型

灯、号型外，还应显示三盏环照绿灯或三个球体，如图 2-52、图 2-53 所示。

图 2-52　从事清除水雷作业的船舶的号灯

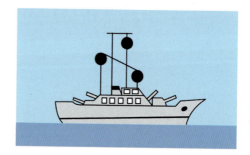

图 2-53　从事清除水雷作业的船舶的号型

六、限于吃水的船舶

（一）条款内容

限于吃水的船舶，除第二十三条为机动船规定的号灯外，还可在最易见处垂直显示三盏环照红灯，或者一个圆柱体。

（二）条款解释

1. 限于吃水的船舶，应显示桅灯、舷灯、尾灯外，还可在最易见处显示垂直三盏环照红灯，如图 2-54 所示。

2. 限于吃水的船舶，在航时应显示一个圆柱体号型，如图 2-55 所示。

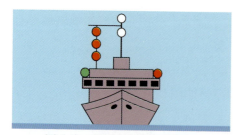

图 2-54　限于吃水的船舶号灯

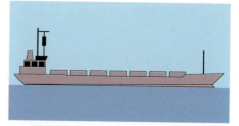

图 2-55　限于吃水的船舶在航号型

七、引航船舶

（一）条款内容

1. 执行引航任务的船舶应显示：

（1）在桅顶或接近桅顶处，垂直两盏环照灯，上白下红；

（2）当在航时，外加舷灯和尾灯；

（3）当锚泊时，除本款（1）项规定的号灯外，还应显示第三十条对锚泊船规定的号灯或号型。

2. 引航船当不执行引航任务时，应显示为其同样长度的同类船舶规定的号灯或号型。

（二）条款解释

①在航中执行引航任务的船舶，应显示：垂直两盏上白下红环照灯、舷灯、尾灯，如图 2-56、图 2-57 所示。

图 2-56　执行引航任务引航船
（船长≥20m）

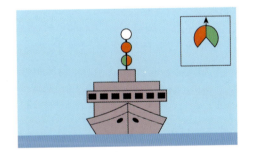

图 2-57　执行引航任务引航船
（船长＜20m）

②在航中执行引航任务的船舶，《规则》没有规定其应显示的号型，但专用的引航船上通常标有"PILOT"字样，并悬挂"H"旗。

③在锚泊中执行引航任务的船舶，应显示：垂直两盏上白下红环照灯、锚灯，如图 2-58 所示。

④引航船当不执行引航任务时，应显示普通同类船舶规定的号灯和（或）号型。

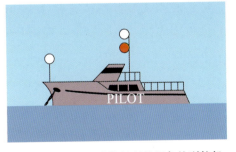

图 2-58　在锚泊时执行引航任务的引航船

八、锚泊船舶和搁浅船舶

（一）条款内容

1. 锚泊中的船舶应在最易见处显示：

（1）在船的前部，一盏环照白灯或一个球体；

（2）在船尾或接近船尾并低于本款（1）项规定的号灯处，一盏环照白灯。

2. 长度小于50m的船舶，可以在最易见处显示一盏环照白灯，以取代本条1款规定的号灯。

3. 锚泊中的船舶，还可以使用现有的工作灯或同等的灯照明甲板，而长度为100m及100m以上的船舶应当使用这类灯。

4. 搁浅的船舶应显示本条1或2款规定的号灯，并在最易见处外加：

（1）垂直两盏环照红灯；

（2）垂直三个球体。

5. 长度小于7m的船舶，不在狭水道、航道、锚地或其他船舶通常航行的水域中或其附近锚泊时，不要求显示本条1和2款规定的号灯或号型。

6. 长度小于12m的船舶搁浅时，不要求显示本条4款（1）和（2）项规定的号灯或号型。

（二）条款解释

1. 锚泊船

①长度大于等于100m的船舶锚泊时，应显示前锚灯、后锚灯、甲板照明灯，如图2-59所示。

②长度大于等于50m并小于100m的船舶锚泊时，应显示前锚灯、后锚灯，还可用工作灯照明甲板，如图2-60所示。

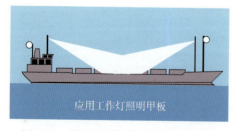

图2-59　长度大于等于100m的锚泊船　　　图2-60　长度50～100m的锚泊船

③长度小于50m的船舶锚泊时，可以在最易见处显示一盏环照白灯，

代替前后锚灯，如图 2-61 所示。

④锚泊船，不论其船舶长度，应显示的号型：一个球体，如图 2-62 所示。

图 2-61　长度 50m 以下的锚泊船

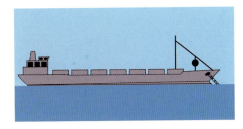

图 2-62　锚泊船的号型

2. 搁浅船

①搁浅船，应显示的号灯：锚灯、垂直两盏环照红灯，如图 2-63 所示。

②搁浅船，应显示的号型：垂直三个球体，但不必显示锚球，如图 2-64 所示。

③船舶长度小于 12m 的船舶搁浅时，不要求显示垂直两盏环照红灯或垂直三个球体。

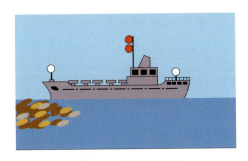

图 2-63　搁浅船号灯

图 2-64　搁浅船号型

九、水上飞机

（一）条款内容

当水上飞机或地效船不可能显示按本章各条规定的各种特性或位置的号灯和号型时，则应显示尽可能近似于这种特性和位置的号灯和号型。

（二）条款解释

本条允许水上飞机或地效船在号灯和号型的特性或位置方面可以不完全遵守本章各条规定，但应当尽可能与本章的规定一致，如图 2-65 所示。

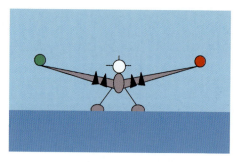

图 2-65 水上飞机

十、常见类别船舶的号灯和号型列表

常见类别船舶在航、锚泊时号灯和号型见表 2-2。

表 2-2 常见类别船舶的号灯和号型列表

船型	船舶			锚泊
	分类	在航		
		号灯	号型	
机动船	船长大于等于 50m	前后桅灯、舷灯、尾灯	尖端朝下圆锥体▼	按锚泊船显示号灯和号型（在船的最易见处显示一个球体●；前后锚灯，还可使用工作灯或同等的灯照亮甲板，船长≥100m 时必须显示这类灯；船长＜50m 时，可以用一盏锚灯代替前后锚灯）
	船长小于 50m	前桅灯、舷灯、尾灯，亦可显示后桅灯		
	船长小于 7m	前桅灯、舷灯、尾灯，亦可显示后桅灯，亦可显示一环照白灯和舷灯代替		
	船长小于 7m，且最大航速小于等于 7kn	前桅灯、舷灯、尾灯，亦可显示后桅灯，亦可显示一环照白灯和舷灯代替，亦可显示一环照白灯代替，如可行也可显示舷灯		
	气垫船	按同长度机动船显示桅灯、舷灯和尾灯，在非排水状态航行时另加一盏黄色闪光灯		
	地效船	按同长度机动船显示桅灯、舷灯和尾灯，在起飞、降落和飞行时另加一盏高亮度环照红色闪光灯		
	机帆并用船	按同等长度机动船显示相应号灯		

（续）

船型	船舶 分类	在航 号灯	在航 号型	锚泊
从事捕鱼作业的船舶	拖网渔船	上绿下白两盏环照灯、舷灯、尾灯（不对水移动时应关闭），船长大于等于50m应显示一盏后桅灯	上下垂直、尖端对接两个圆锥体 ▽▲	同在航不对水移动的号灯和号型
	非拖网渔船　渔具水平伸出距离小于等于150m	上红下白两盏环照灯，舷灯、尾灯（不对水移动时应关闭）	上下垂直、尖端对接两个圆锥体 ▽▲	
	非拖网渔船　渔具水平伸出距离大于150m	除上红下白两盏环照灯，舷灯、尾灯（不对水移动时应关闭）外，另在渔具伸出方向加一盏环照白灯	上下垂直、尖端对接两个圆锥体 ▽▲　另在渔具伸出方向显示 ▲	

相互邻近处捕鱼的额外信号（在上述在航和锚泊信号之外附加显示）	拖网渔船 非对拖	不论是用底拖还是中层渔具可显示 放网时：垂直两盏白灯 起网时：垂直上白下红灯 网挂住障碍物时：垂直两盏红灯
	拖网渔船 对拖	不论是用底拖还是中层渔具可显示 放网时：垂直两盏白灯 起网时：垂直上白下红灯 网挂住障碍物时：垂直两盏红灯 另朝着前方并向本对拖网渔船的另一船方向照射探照灯
	围网渔船	船的行动为渔具所妨碍时才可显示；垂直两盏黄色号灯（每秒交替闪光一次，明暗历时相等）

船型	分类	在航 号灯	在航 号型	锚泊
失去控制的船舶		垂直两盏环照红灯，当对水移动时另加舷灯、尾灯	最易见处垂直显示两个球体 ●●	按锚泊船显示
搁浅船		除锚灯外，垂直两盏环照红灯（不要求甲板灯等）；最易见处垂直显示三个球（不再显示锚球） ●●●		

思考题

1. 在什么方位范围内可以看到桅灯、舷灯或尾灯？

2. 号灯、号型应在什么时间显示？什么条件下应同时显示号灯和号型？

3. 在显示号灯时不应显示哪些灯光？

4. 常见船舶、特殊用途船舶应显示的号灯和号型有哪些？

5. 海上一盏白灯可能表示哪些情况？应如何对待？

6. 从事拖网作业渔船的号灯和号型有哪些规定？

7. 从事非拖网作业渔船的号灯和号型有哪些规定？

8. 哪些船舶在航时可以不显示桅灯？

9. 哪些船舶在航时显示号灯区分对水移动和不对水移动？

10. 哪些船舶锚泊时可以不显示锚灯？

第三章　声响和灯光信号

第一节　概　　述

本节要点：声响和灯光信号可表明船舶的存在、种类、大小、动态。在互见中，可表明船舶正在或企图采取的行动，也可表明提醒、怀疑或警告。本节主要介绍《规则》第三十二条定义、第三十三条声号设备，包括声响信号中长声和短声的定义以及声响器具的配备要求。

一、条款内容

（一）定义

1. "号笛"一词，指能够发出规定笛声并符合本规则附录三（略）所载规格的任何声响信号器具。

2. "短声"一词，指历时约 1s 的笛声。

3. "长声"一词，指历时 4～6s 的笛声。

（二）声号设备

1. 长度为 12m 或 12m 以上的船舶，应配备一个号笛，长度为 20m 或 20m 以上的船舶除了号笛以外还应配备一个号钟，长度为 100m 或 100m 以上的船舶，除了号笛和号钟以外，还应配备一面号锣。号锣的音调和声音不可与号钟相混淆。号笛、号钟和号锣应符合本规则附录三（略）所载规格。号钟、号锣或二者均可用与其各自声音特性相同的其他设备代替，只要这些设备随时能以手动鸣放规定的声号。

2. 长度小于 12m 的船舶，不要求备有本条 1 款规定的声响信号器具。如不备有，则应配置能够鸣放有效声号的其他设备。

二、声响和灯光信号的作用

在能见度不良的水域中，声响信号可用来表示船舶的种类、动态；作为采取避让行动的依据；在互见中，声响和灯光信号可用来表示一艘船舶正在采取的一种行动，或企图采取的行动，或对另一艘船舶正采取的行动表示怀疑、无法了解、持有异议，或要求他船引起注意，或对他船发出警告的一种听觉和视觉信号的手段。

三、船舶应配备的声号设备

船舶应配备的声号设备根据船长 L 规定了四个等级：

①12m≤L<20m 的船舶，应配备一个号笛。

②20m≤L<100m 的船舶，除配备一个号笛外，还应配备一个号钟。

③ L≥100m 的船舶，除配备一个号笛和一个号钟外，还应配备一个号锣（图 3-1）。

④ L<12m 的船舶，不要求备有上述规定的声响信号器具，但至少应配备能发出有效声响的其他设备，如雾角和手摇铃等。

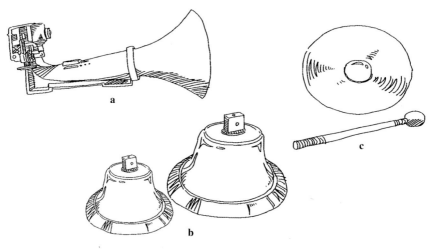

图 3-1 船用号笛、号钟、号锣
a. 号笛　b. 号钟　c. 号锣

四、声号器具的技术细节

为保持声号的多样性，号笛的基频应介于一定的界限之内；号笛应有足够的声强，以保证一定的可听距离，如表 3-1 所示。

值得注意的是表 3-1 所定数值仅是典型情况。号笛的可听距离受当时天气情况的影响很大，尤其是在强风和噪声的情况下，可听距离会大大减小。

表 3-1　船舶号笛的基频范围和可听距离

船舶长度 L（m）	基频界限（Hz）	可听距离（n mile）
$L \geqslant 200$	70～200	2.0
$75 \leqslant L < 200$	130～350	1.5
$20 \leqslant L < 75$	250～700	1.0
$L < 20$	250～700	0.5

第二节　操纵与警告信号

本节要点： 为使避碰行动协调一致，互见中的船舶需要彼此了解对方的动态和意图。当一在航机动船采取操纵行动时，以操纵声号的形式告知对方；当一船对另一船的行动不理解时，可鸣放警告声号以示提醒。本节主要介绍《规则》第三十四条操纵和警告信号，包括操纵与警告信号的含义、鸣放或显示的条件。

一、条款内容

1. 当船舶在互见中，在航机动船按本规则准许或要求进行操纵时，应用号笛发出下列声号表明之：

——一短声，表示"我船正在向右转向"；

——二短声，表示"我船正在向左转向"；

——三短声，表示"我船正在向后推进"。

2. 在操纵过程中，任何船舶均可用灯号补充本条 1 款规定的笛号，这种灯号可根据情况予以重复：

（1）这些灯号应具有以下意义：

——一闪，表示"我船正在向右转向"；

——二闪，表示"我船正在向左转向"；

——三闪，表示"我船正在向后推进"。

（2）每闪历时应约 1s，各闪应间隔约 1s，前后信号的间隔应不少于 10s。

（3）如设有用作本信号的号灯，则应是一盏环照白灯，其能见距离至少为 5n mile，并应符合本规则附录一（略）所载规定。

3. 在狭水道或航道内互见时：

（1）一艘企图追越他船的船，应遵照第九条 5 款（1）项的规定，以号笛发出下列声号表示其意图：

——二长声继以一短声，表示"我船企图从你船的右舷追越"；

——二长声继以二短声，表示"我船企图从你船的左舷追越"。

（2）将要被追越的船舶，当按照第九条 5 款（1）项行动时，应以号笛依次发出下列声号表示同意：

——一长、一短、一长、一短声。

4. 当互见中的船舶正在互相驶近，并且不论由于何种原因，任何一船无法了解他船的意图或行动，或者怀疑他船是否正在采取足够的行动以避免碰撞时，存在怀疑的船应立即用号笛鸣放至少五声短而急的声号以表示这种怀疑。该声号可以用至少五次短而急的闪光来补充。

5. 船舶在驶近可能有其他船舶被居间障碍物遮蔽的水道或航道的弯头或地段时，应鸣放一长声。该声号应由弯头另一面或居间障碍物后方可能听到它的任何来船回答一长声。

6. 如船上所装几个号笛，其间距大于 100m，则只应使用一个号笛鸣放操纵和警告声号。

二、条款解释

1. 操纵和警告信号

本条规定的操纵和警告信号，习惯上称为操纵行动信号、追越信号、怀疑或警告信号、过弯道信号，其信号的含义、鸣放或显示的条件，如表 3-2 所示。

2. 鸣放声号的时机

①当按照本规则的允许或要求采取避让操纵行动时。

②当船舶违背规则采取操纵行动时。

③当船舶采取操纵行动时，两船间距大于声号可听距离，本船也应鸣放声号。

④当船舶采取一连串的小幅度行动时。

⑤当一船采取某种行动，为引起他船注意或对该行动是否危及他船或妨碍他船或是否可能导致碰撞危险持有怀疑，通常应鸣放本款规定的声号。

⑥凡为避免碰撞而采取的任何操纵行动均应鸣放相应的声号。

表 3-2　操纵和警告信号

信号类别	适用条件	适用船舶	信号	信号含义	信号设备
操纵声号	互见中	在航机动船	· · · · · ·	我船正在向右转向 我船正在向左转向 我船正在向后推进	号笛操纵号灯
操纵灯光信号		任何在航船舶	— — — — — —	我船正在向右转向 我船正在向左转向 我船正在向后推进	操纵号灯
追越声号		狭水道或航道内的任何在航船舶	— —· — —·· —·—·	我船企图从你船右舷追越 我船企图从你船左舷追越 同意追越	号笛
警告信号		任何船舶	至少五短声 (^^^^^)	正在互相驶近，一船无法了解他船的意图或行动，或者怀疑他船是否正在采取足够的行动以避免碰撞时	号笛操纵号灯
弯头声号	能见度良好	任何在航船舶	—	在驶近可能被居间障碍物遮蔽他船的水道或航道的弯头或地段时	号笛
				弯头另一面或居间障碍物后的来船听到声号时	

注：·表示一短声；—表示一长声；^表示一次闪光。

第三节　能见度不良时使用的声号

本节要点：能见度不良时，声响信号可用来表明船舶的种类、动态，以及为未装设雷达或雷达设备发生故障的船舶提供某些有用的避让信息。本节主要介绍《规则》第三十五条能见度不良时使用的声号，包括不同种类的船舶在能见度不良时使用的声号及鸣放技术要求。

一、条款内容

在能见度不良的水域中或其附近时，不论白天还是夜间，本条规定的声号应使用如下：

1. 机动船对水移动时，应以每次不超过 2min 的间隔鸣放一长声。

2. 机动船在航但已停车，并且不对水移动时，应以每次不超过 2min 的间隔连续鸣放二长声，二长声间的间隔约 2s。

3. 失去控制的船舶、操纵能力受到限制的船舶、限于吃水的船舶、帆船、从事捕鱼的船舶，以及从事拖带或顶推他船的船舶，应以每次不超过 2min 的间隔连续鸣放三声，即一长声继以二短声，以取代本条 1 或 2 款规定的声号。

4. 从事捕鱼的船舶锚泊时，以及操纵能力受到限制的船舶在锚泊中执行任务时，应当鸣放本条 3 款规定的声号以取代本条 7 款规定的声号。

5. 一艘被拖船或者多艘被拖船的最后一艘，如配有船员，应以每次不超过 2min 的间隔连续鸣放四声，即一长声继以三短声。当可行时，这种声号应在拖船鸣放声号之后立即鸣放。

6. 当一顶推船和一被顶推船牢固地连接成为一个组合体时，应作为一艘机动船，鸣放本条 1 或 2 款规定的声号。

7. 锚泊中的船舶，应以每次不超过 1min 的间隔急敲号钟约 5s。长度为 100m 或 100m 以上的船舶，应在船的前部敲打号钟，并应在紧接钟声之后，在船的后部急敲号锣约 5s。此外，锚泊中的船舶，还可以连续鸣放三声，即一短、一长和一短声，以警告驶近的船舶注意本船位置和碰撞的可能性。

8. 搁浅的船舶应鸣放本条 7 款规定的钟号，如有要求，应加发该款规定的锣号。此外，还应在紧接急敲号钟之前和之后，各分隔而清楚地敲打号钟三下。搁浅的船舶还可以鸣放合适的笛号。

9. 长度为 12m 或 12m 以上但小于 20m 的船舶，不要求鸣放本条 7 款和 8 款规定的声号。但如不鸣放上述声号，则应每次不超过 2min 的间隔鸣放他种有效的声号。

10. 长度小于 12m 的船舶，不要求鸣放上述声号，但如不鸣放上述声号，则应以每次不超过 2min 的间隔鸣放其他有效的声号。

11. 引航船当执行引航任务时，除本条 1、2 或 7 款规定的声号外，还可以鸣放由四短声组成的识别声号。

二、条款解释

1. 适用范围

能见度不良时使用的声号适用于能见度不良的水域中或其附近航行、锚泊、搁浅的任何船舶，而且不论当时两船是否互见。

2. 鸣放声号的技术要求

①每组笛号之间的时间间隔不超过 2min，当机动船处于对水不移动状态，鸣放两长声声号时，其两长声之间的时间间隔为 2s。

②急敲号钟或号锣的持续时间约 5s，每组乱钟或乱锣的时间间隔不超过 1min。

3. 能见度不良时使用的声号

不同种类的船舶能见度不良时使用的声号如表 3-3 所示。

表 3-3　能见度不良时使用的声号

船舶类别和动态			信号(除注明外,均用号笛)	间隔时间（min）
在航	机动船（包括牢固组合体）	对水移动	—	2
		已停车且不对水移动	— —	
	失去控制的船舶 操纵能力受到限制的船舶 限于吃水的船舶 帆船 从事捕鱼的船舶 从事拖带或顶推他船的船舶		— · ·	
	被拖船或多艘被拖船的最后一艘		— · · ·	
锚泊	从事捕鱼的船舶在锚泊中作业 操限船在锚泊中执行任务时		— · ·	2
	船长＜100m		急敲号钟 5s	1
	船长≥100m		急敲号钟（前）、锣（后）各 5s	1
	锚泊中发现他船驶近时		· — ·	连续鸣放
	搁浅船		除按同等长度的锚泊船鸣放声号外，还应在紧接急敲号钟之前和之后，各分隔而清楚地敲打钟号 3 下；还可鸣放合适的笛号，如单字母信号码语 U（· · —）	1
	船长小于 12m 的船舶		如不鸣放上述有关声号，应发出其他有效的声号	2
	引航船执行引航任务时		除鸣放机动船在航和锚泊的声号外，还可鸣放 · · · · 识别声号	适时鸣放

第四节　招引注意和遇险信号

本节要点：招引注意的信号为了确保海上航行安全，最大限度地减少事故的发生，并不要求强制使用。而遇险信号在船舶遇险需要救助时，可以单独使用或显示，也可几个信号同时使用或显示。本节主要介绍《规则》第三

③以短的间隔，每次放一个抛射红星火箭或信号弹，如图 3-5 所示。

图 3-5　遇险信号：抛射红星火箭或信号弹；火箭降落伞

④无线电报或任何其他通信方法发出莫尔斯码组·······——————···（SOS）的信号，如图 3-6 所示。

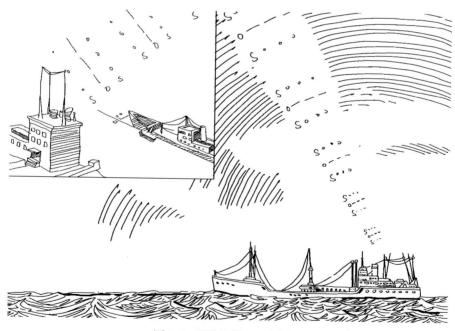

图 3-6　遇险信号：SOS 信号

⑤无线电话发出"梅代"（MAYDAY）语言的信号，如图 3-7 所示。

图 3-7　遇险信号："梅代"（MAYDAY）

⑥《国际简语信号规则》中表示遇险的信号 N.C.，如图 3-8 所示。

图 3-8　遇险信号：挂国际信号旗 N.C.

⑦由一面方旗放在一个球体或任何类似球形物体的上方或下方所组成的信号，如图 3-9 所示。

图 3-9　遇险信号：由一面方形旗放在一个球形物体上方或下方所组成的信号

⑧船上的火焰（如从燃着的柏油桶、油桶等发出的火焰），如图 3-10 所示。

图 3-10　遇险信号：船上的火焰（如从燃着的柏油桶、油桶等发出的火焰）

⑨火箭降落伞式或手持式的红色突耀火光，如图 3-5 所示。

⑩放出橙色烟雾的烟雾信号，如图 3-11 所示。

⑪两臂侧伸，缓慢而重复地上下摆动，如图 3-11 所示。

⑫无线电报报警信号，如图 3-12 所示。

图 3-11　遇险信号：橙色烟雾信号；两臂侧伸，缓慢而重复地上下摆动

图 3-12　遇险信号：无线电报报警信号

⑬无线电话报警信号，如图 3-13 所示。

⑭由无线电应急示位标发出的信号，如图 3-14 所示。

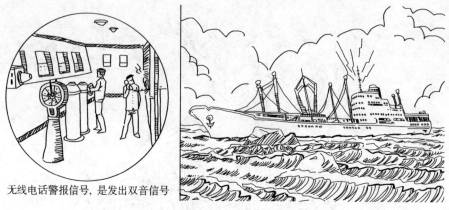

无线电话警报信号，是发出双音信号

图 3-13　遇险信号：无线电话报警信号

图 3-14　遇险信号：无线电应急示位标发出的信号

⑮无线电通信系统发出的经认可的信号，包括救生艇筏雷达应答器。

除为表示遇险救助外，禁止使用或显示上述任何信号以及可能与上述信号相混淆的其他信号；应注意《国际信号规则》的有关部分、《商船搜寻和救助手册》以及下述的信号：

a. 一张橙色帆布上带有一个黑色正方形和圆圈或者其他合适的符号（供空中识别），如图 3-15 所示；

b. 海水染色标志，如图 3-16 所示。

图 3-15　遇险信号：空中识别信号

图 3-16　遇险信号：海水染色标志

1. 在船舶操纵中，"一短声""两短声"和"三短声"分别代表什么含义？

2. 雾中航行，听到一船以每次不超过 2min 间隔连续鸣放一长二短声，判断该船为何船？

3. 追越声号的含义是什么及在实践中对不同意追越时鸣放声响的处理方法有哪些？

4. 什么情况下使用招引注意信号？

5. 遇险信号有哪些？怎么使用？

第四章 船舶在任何能见度情况下的行动规则

"船舶在任何能见度情况下的行动规则"的规定包括有关船舶为避免碰撞应保持的各种戒备的规定，如第五条"瞭望"、第六条"安全航速"、第七条"碰撞危险"；有关船舶采取避碰行动的一般原则的规定，如第八条"避免碰撞的行动"；有关船舶在特殊水域航行规则的规定，如第九条"狭水道"和第十条"分道通航制"。

《规则》第四条适用范围"本书条款适用于任何能见度的情况"。任何能见度情况包括能见度良好和能见度不良两种情况。因此，"船舶在任何能见度情况下的行动规则"既适用于能见度良好的情况，也适用于能见度不良的情况，而不论船舶是否处于互见中。

第一节 瞭 望

本节要点： 保持正规瞭望是确保海上航行安全的首要因素，是决定安全航速、正确判断碰撞危险、正确采取避碰行动的基础和前提条件。本节主要介绍《规则》第五条瞭望，包括瞭望的含义、适用范围、目的以及保持正规瞭望的手段。

一、条款内容

每一船在任何时候都应使用视觉、听觉以及适合当时环境和情况的一切可用手段保持正规的瞭望，以便对局面和碰撞危险作出充分的估计。

二、条款解释

1. 瞭望的含义

瞭望通常是指对船舶所处水域的一切情况进行连续观察，并对所发生的一切情况作出充分的估计与分析。从某种意义上讲，分析与判断比观察还重要。

"瞭望"过失主要表现在：①未发现来船；②发现来船太晚，来不及进行判断；③发现了来船，但未进行连续观察；④对局面估计不足等。

2. 瞭望条款的适用范围

（1）任何船舶　不论机动船还是帆船，大船还是小船，在航船还是锚泊船。

（2）任何时候　不论白天还是黑夜，不论处于何水域。

（3）任何能见度　不论能见度良好还是能见度不良。

值得注意的是通常认为系岸的或系浮筒的船舶不要求像在航或锚泊船那样保持正规的瞭望，但在实践中仍应坚持值班制度，防止意外事故发生。

3. 瞭望的目的

（1）及早发现来船及航海危险物

（2）对当时的局面作出充分的估计

①通过系统的观察，对所处水域的环境和情况予以全面的分析，尤其对船舶航行安全构成威胁以及可能妨碍或影响船舶操纵性能的各种不利因素与条件予以高度的重视。

②运用一切有效的手段，尤其是雷达的使用，对当时的能见距离作出充分的估计。

③根据所获得的各种资料，对该航区的船舶通航密度、航线的分布、航行的习惯以及海员的传统做法予以周密的分析。

④充分注意本船的特点及条件限制。

⑤夜间航行时，根据所发现的来船号灯，估算其航向区间，判断两船所构成的会遇格局。

（3）对碰撞危险作出充分的估计

①凭借视觉、听觉和其他可用的手段，从来船的形体、号灯和号型、声响和灯光信号、雷达回波、AIS 信息、VHF 通信和 VTS 服务中获得的信息及早发现在本船周围的其他船舶。

②根据所获得的上述来船信息和航海知识与经验，了解和掌握来船的大小、种类、状态和动态以及分布等。

③通过观测来船的罗经方位的变化情况、对他船进行雷达标绘与其相当的系统观测或者通过其他手段获得的信息，判断来船与本船是否构成碰撞危险、构成何种会遇态势以及本船是否应当采取和采取何种避让行动等。

④根据所获得的信息，随时判断来船的动态和避让意图；应当密切注意来船动态的变化，及时准确了解和掌握这些变化的趋势和可能造成的后果。

4. 瞭望人员

瞭望人员是指专门负责或者承担对周围的海况进行全面观察的航海人员。瞭望人员必须全神贯注地保持正规瞭望、不得从事或分派给会影响瞭望的其他任何工作。瞭望人员和舵工的职责是分开的，舵工在操舵时一般不能作为瞭望人员，除非是在小船上，能够在操舵的位置上无阻碍地看到周围的情况，且不存在夜间视力的减损和执行正规瞭望的其他障碍。瞭望人员应具备两方面的素质：

①身体素质，主要是指视觉和听觉；
②业务素质，即具有一定的航海专业知识。

因此，瞭望人员只能由合格的、称职的航海人员来担任。

5. 瞭望的手段

瞭望的手段包括视觉、听觉、雷达、望远镜、AIS、VHF等（图4-1）。

图4-1　瞭望的手段

（1）视觉　视觉瞭望是最基本的和最主要的瞭望手段。

（2）听觉　听觉是能见度不良时保持正规瞭望的基本手段之一。

（3）雷达　雷达被称为"海员特殊的眼睛"。

（4）望远镜　望远镜是现代船舶必备的助航设备之一。

（5）AIS（船舶自动识别系统）　AIS能够自动向有相应装置的海岸电台、其他船舶和航空器提供包括船名、位置、航向、航速、航行状态等相关安全信息，且不受气象和海况的干扰。AIS精确可靠的目标船位置显示和动态跟踪，弥补了雷达盲区和海浪干扰的缺陷，在瞭望中应充分加以利用。

（6）VHF（甚高频无线电话）　VHF能在较远的距离进行船舶间的联系，可以作为一种有效的瞭望手段，同时也是船舶间协调避让的一种重要方法。

（7）其他手段　如通过与岸基VTS（船舶交通服务系统）相互沟通，保证航行安全。

5. 正规瞭望

保持正规瞭望，应至少做到以下几点：

①根据环境和情况配备足够的、称职的瞭望人员；

②瞭望人员的位置应保证能获得最佳的瞭望效果；

③瞭望时使用适合当时环境和情况的一切有效手段；

④瞭望是连续的、不间断的；

⑤瞭望的方法正确，并且是全方位的；瞭望时，应当做到先近后远、由右到左、由前到后的周而复始的瞭望方法；

⑥在能见度不良的水域或交通密度大的水域航行时用雷达观察；

⑦正确处理好瞭望与其他各项工作的关系；

⑧瞭望时，做到认真、谨慎、尽职尽责。

三、案例分析

1. 事故经过

渔船A和渔船B为同一公司生产渔船。某日，由渔港出航赴作业渔场生产。2d后0600时，两船航行于145区2小区，当时海况良好，视程约2n mile。A船船长通知本船人员准备下网时，发现流网作业船只较多，为避开流网，约0630时，航向改为170°航行。约0650时，海面有雾进二车速，船长和船副通知在后台准备下网的船员到驾驶室值班。当时，B船位于A船左后方约150m处跟航。0655时，雾逐渐增大，A船开启雷达。约0700时，雷达观测在A船右舷角20°、30°和距离2.5n mile、3n mile处各有一艘大船，判断可能是向北航行。A船船长使用对讲机通知B船注意右前方的大船。同时A船立即采取140°航向避让，并鸣放二短声，在视程不佳时不断鸣放雾航声号。约6min后，雷达观测来船方位不变，距离约1n mile，A船便立即鸣放二短声，又改向80°，进行避让。又约5min后，A船船长发现

（当时视程约 80m）来船位于本船左后方 20°~30°夹角、60~70m 处向本船冲来（B船此时在 A船左后方 100m 左右），已形成紧迫局面。A船立即鸣放五短声警告来船，船长立即抢舵左转加速，但在极短时间内，大船前艏撞在 A船左舷中后部，如图 4-2 所示。A船立刻倾覆沉没。

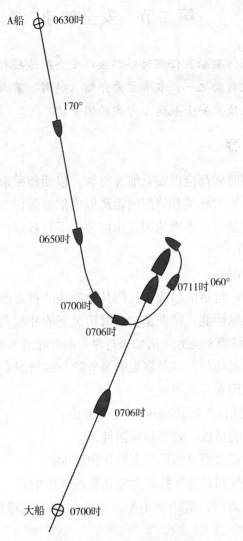

图 4-2　渔船 A 与大船碰撞案

A船被撞后瞬间翻沉，人员全部落水或被扣在船内，B船发现后立即报告公司及附近作业的船只，经过多天搜救无果后予以放弃。本次事故造成 A船沉没和 11 名船员遇难的重大事故。

2. 原因分析

雾天航行缺瞭望，操作不当酿悲剧。虽说在雾天航行双方均有责任，但双方在采取避让措施上，背离了《规则》中"大角度避让并驶过让清"的规定。这是一起因操作不当而导致的重大责任事故。

第二节 安全航速

本节要点：任何船舶在任何时候都应以安全航速航行。减速、停船是避免船舶碰撞的有效行动之一。本节主要介绍《规则》第六条安全航速，包括安全航速的定义及决定安全航速应考虑的因素。

一、条款内容

每一船在任何时候都应以安全航速行驶，以便能采取适当而有效的避碰行动，并能在适合当时环境和情况的距离以内把船停住。

在决定安全航速时，考虑的因素中应包括下列各点：

1. 对所有船舶：

（1）能见度情况；

（2）交通密度，包括渔船或者任何其他船舶的密集程度；

（3）船舶的操纵性能，特别是在当时情况下的冲程和旋回性能；

（4）夜间出现的背景亮光，诸如来自岸上的灯光或本船灯光的反向散射；

（5）风、浪和流的状况以及靠近航海危险物的情况；

（6）吃水与可用水深的关系。

2. 对备有可使用的雷达的船舶，还应考虑：

（1）雷达设备的特性、效率和局限性；

（2）所选用的雷达距离标尺带来的任何限制；

（3）海况、天气和其他干扰源对雷达探测的影响；

（4）在适当距离内，雷达对小船、浮冰和其他漂浮物有探测不到的可能性；

（5）雷达探测到的船舶数目、位置和动态；

（6）当用雷达测定附近船舶或其他物体的距离时，可能对能见度做出更确切的估计。

二、条款解释

（一）安全航速条款的适用范围

1. 任何船舶

2. 任何时候

3. 任何能见度

4. 任何水域

（二）安全航速的含义

《规则》对安全航速未作定量规定，安全航速可以理解为能采取适当而有效的避碰行动，并能在适合当时环境和情况的距离内把船停住的速度。

（三）决定安全航速应考虑的因素

《规则》没有对安全航速作出定量规定，但列举出了影响安全航速的因素，以提醒船舶驾驶员给予充分注意。

1. 所有船舶应考虑的因素

（1）能见度情况　能见度情况是决定安全航速的首要因素。

（2）交通密度，包括渔船或者任何其他船舶的密集程度　交通密度，即单位面积水域中船舶的密集程度。当船舶在密集的水域中航行，可航水域范围较小，船舶间会遇次数增加，会遇形式复杂，碰撞危险增大。因而，在决定安全航速时予以正确考虑。

（3）船舶的操纵性能，特别是在当时情况下的冲程和旋回性能　船舶的操纵性能包括船舶的旋回性能、航向稳定性能和停船性能等，其中与船舶避碰行动密切相关的是船舶的旋回性能和停船性能。通常情况下，船舶的吨位和航速越大，冲程和旋回进距也越大。

（4）夜间出现的背景亮光　夜间出现的背景亮光，将影响船舶驾驶人员保持良好的瞭望，降低视距。因而，当船舶在有背景亮光影响的水域航行时，应高度戒备，并适当控制航速，以确保安全。

（5）风、浪和流的状况以及靠近航海危险物的情况　风、浪和流会影响船舶的操纵性能，顺风流航行时，船舶的航速会增加，冲程增大；逆风流航行时，则相反。因而，船舶驾驶人员要掌握船舶在风、浪和流作用下的运动规律，在风、浪和流影响显著的水域航行时要注意其影响。当船舶航行在靠近危险物的水域时，如浅滩、暗礁、沉船等，船舶的回旋余地大受影响，应适当控制船速。

（6）吃水和可用水深的关系　吃水与可用水深作为决定安全航速时应考虑的因素，主要是考虑到富余水深对船舶操纵性能以及船舶偏离所驶航向的能力的影响。如浅水效应、岸壁效应等。

2. 对备有可使用雷达的船舶

（1）雷达设备的特性、效率和局限性　正确地使用雷达可以获得碰撞危险的早期警报和来船的运动要素，但也不能过分依赖雷达，应充分考虑雷达设备的特性、效率和局限性。

（2）所选用的雷达距离标尺带来的任何限制　用远距离标尺可以及早地获得来船的信息，但使物标的清晰度和雷达的分辨能力降低，对小物标显示不明显；而用近距离标尺虽可增强物标的清晰度和分辨能力，但不能及早发现目标。因而，驾驶员应根据情况使用远、近距离标尺交替扫描。

（3）海况、天气和其他干扰源对雷达探测的影响　海况、天气和其他干扰源对雷达探测的影响，主要是指海浪、雨雪、同频、多次反射回波、间接回波、异常传播等干扰对雷达探测的影响，这些干扰有时相当严重，不仅使雷达探测不到小物标，甚至连大型船舶的回波也无法辨认。

（4）在适当距离内，雷达对小船、浮冰和其他漂浮物有探测不到的可能性　小船、浮冰和一些漂浮物的电磁波反射能力弱，尤其是木制的小船，雷达对他们有探测不到的可能性。

（5）雷达探测到的船舶数目、位置和动态　雷达荧光屏上显示的船舶回波越多，估计局面就越困难，特别是在船舶的正横以前出现多船回波更是如此。

（6）当用雷达测定附近船舶或其他物标的距离时，可以对能见度作出更确切的估计　使用雷达测定初次看到的船舶和物标的距离，可以确定当时的能见度情况，以便对能见度作出确切的估计，从而有效控制船速。

三、案例分析

1. 事故经过

某日，货船 A 从上海港驶往印度尼西亚三宝垄港，1030 时在浙江沿海遇雾，能见度差，船长上驾驶台。当时 1 台雷达、GPS、VHF 处在工作状态，并开启航行灯、自动雾笛，手动操舵。船舶受到东向较大涌浪的影响，最大横摇 25°左右。船长为了防止甲板货移位，令值班驾驶员三副采取 Z 形航法。取航向 195°～200°左首舷受浪，取航向 245°～250°左尾舷受浪。1145

时二副上驾驶台接班，航向 260°（计划航向 253°），前进三。1347 时转向至计划航向 222°，船舶摇摆加剧。1400 时，通知机舱备车，1410 时备车航行。1440 时改向至 190°，船舶摇摆减弱。1515 时雨雾加浓，视程进一步变差，增加了观察雷达的频度，没有发现物标回波。约 1529 时航向 180°，航速 9.6kn，发现右舷 25°、距离约 100m 的渔船 B 接近，船长下令右满舵，接着停车、倒车。1530 时，货船 A 船首右侧和渔船 B 左舷发生碰撞，如图 4-3 所示。造成渔船 B 倾覆沉没，碰角约 100°。

同日 1100 时左右，渔船 B 从福建福鼎秦屿全速驶往浙江南麓岛。开航 2~3h 后遇雾，船舶减速航行，航向 060°，平均航速达 6~7kn 以上，船上没有配备声响设备，航行时没有鸣放雾号。碰撞前不到 1min，渔船 B 驾驶人员发现左前方几十米处有船舶接近，即大喊危险警示船员。1530 时，与货船 A 发生碰撞。

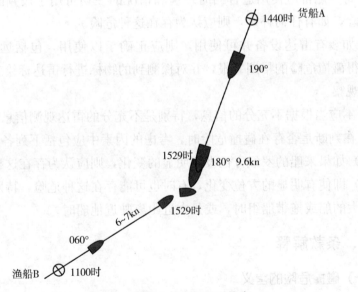

图 4-3　货船 A 与渔船 B 碰撞案

2. 原因分析

1. 渔船 B 过失

①瞭望不正规；渔船 B 开航后，未使用包括视觉在内的一切有效手段及早发现来船，未及早发现碰撞危险的存在，违反了《规则》第五条瞭望条款的规定。

②未使用安全航速航行。

③未按规定鸣放雾号。

2. 货船 A 过失

①瞭望不正规。

②未使用安全航速航行。

第三节　碰撞危险

本节要点：碰撞危险是一种碰撞的可能性，不同船舶驾驶人员对船舶是否存在碰撞危险有着不同的理解和认识。本节主要介绍《规则》第七条碰撞危险，包括判断碰撞危险的标准、方法和注意事项。

一、条款内容

1. 每一船都应使用适合当时环境和情况的一切可用手段判断是否存在碰撞危险，如有任何怀疑，则应认为存在这种危险。

2. 如装有雷达设备并可使用，则应正确予以使用，包括远距离扫描，以便获得碰撞危险的早期警报，并对探测到的物标进行雷达标绘或与其相当的系统观察。

3. 不应当根据不充分的信息，特别是不充分的雷达观测信息作出推断。

4. 在判断是否存在碰撞危险时，考虑的因素中应包括下列各点：

（1）如果来船的罗经方位没有明显的变化，则应认为存在这种危险；

（2）即使有明显的方位变化，有时也可能存在这种危险，特别是在驶近一艘很大的船或拖带船组时，或是在近距离驶近他船时。

二、条款解释

（一）碰撞危险的含义

《规则》中没有给出"碰撞危险"的定义，且很多条款都是以碰撞危险为前提的。碰撞危险可以理解为：当两船的航向和航速延续下去时，他们将同时处于同一位置或接近同一位置，则存在碰撞危险，指的是存在碰撞的风险或可能。

（二）判断碰撞危险的标准

判断碰撞危险最主要的依据是两船会遇时的最近会遇距离（DCPA）和

到达最近会遇距离处的时间（TCPA）。最近会遇距离是衡量两船是否导致碰撞的唯一标准，而到达近会遇距离处的时间是判断两船潜在的碰撞危险程度大小的依据。

① DCPA＝0,则说明两船如果继续保向保速势必导致碰撞;若 DCPA＞0但 DCPA＜安全会遇距离，则认为两船存在碰撞危险。

② TCPA 虽不能直接反映两船是否安全通过，但能表明危险程度的大小。TCPA 越大，两船间危险程度则越小；TCPA 越小，两船间危险程度则越大。

（三）判断碰撞危险的方法

判断碰撞危险的主要方法有罗经方位判断法、舷角判断法、雷达标绘判断法和船舶自动识别系统（AIS）判断法等。

1. 罗经方位判断法

①如果来船罗经方位没有明显的变化，而两船间的距离不断减小，则应认为存在碰撞危险，如图 4-4 所示。

②即使有明显的方位变化，有时也可能存在碰撞危险。

a. 在较远的距离上,来船采取了一连串的小角度转向行动,如图 4-5 所示。

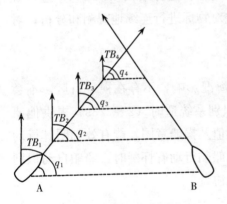

图 4-4 来船罗经方位不变

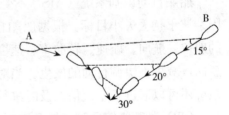

图 4-5 较远距离小角度转向

b. 驶近一艘很大的船舶或拖带船组时，如图 4-6 所示。

c. 近距离驶近他船时。如在受限水域，当大小不同的两船处于追越中，并平行接近时，随着两船的相对位置变化，即使有明显的方位变化，若横距较小，也可能因船吸而发生碰撞危险。

2. 舷角判断法

舷角判断法也称为相对方位判断法。其原理与罗经方位判断法完全一

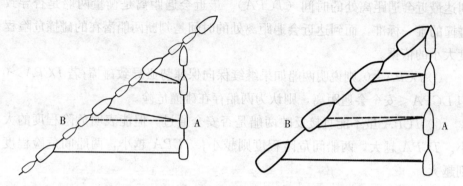

图4-6 在驶近一艘很大的船舶或拖带船组时

致，但其受船首摇摆影响较大，因而，在风浪较大首摇严重时，经验不足的驾驶员不宜使用此方法。

3. 雷达标绘判断法

雷达标绘判断法是在能见度不良时判断碰撞危险的最有效的方法。正确使用雷达不仅能及早发现来船，获得碰撞危险的早期警报，而且通过雷达标绘可以判断是否存在危险以及危险的程度。

与其相当的系统观察主要是指：使用自动雷达标绘仪（ARPA）进行观测和分析；使用机械方位盘、电子方位线对物标进行连续地观测和分析；对雷达提供的信息进行连续地观察和分析。

4. AIS 判断法

船舶自动识别系统（AIS）不受气象海况影响，不存在视觉盲区，不会因杂波干扰丢失小目标。根据船舶自动识别系统适时（2～3.3s）提供他船的船位、航向、航速、转向率、速度变化值及操船意图，能有效判明其行动意向，减少不协调行动的发生。当对目标船舶行动有怀疑时，船舶自动识别系统还可以通过安全短信息及时进行沟通协调。

（四）判断碰撞危险的注意事项

①如有任何怀疑，应认为存在碰撞危险。

②不应当根据不充分的资料作出判断。"不充分的资料"通常是指在下列情况下获得的资料。

a. 瞭望手段不当所获得的资料，如凭雾号获得的资料等。

b. 判断方法不当所获得的资料，如风浪大时用舷角判断法获得的资料等。

c. 未进行系统连续观测所获得的资料。

d. 未经过误差处理的资料。

三、案例分析

1. 事故经过

A轮离广州港空放锦州装玉米。某日中午该轮航经温州湾外海，1550时大副上驾驶台接班，当时海况为阵风5～6级，能见度7～8n mile，右侧雷达在6n mile档工作。1600时GPS船位28°14′N、122°14′E，即台州列岛东南方约20n mile，航向033°，航速12kn。1700时在进入渔山列岛外海面，开航行灯。1756时分别发现艏前方左、右3°各有一条小船。1804时分别见左前方小船顶部一盏白灯和左舷红灯，右前方小船顶部一盏白灯和右舷绿灯。大副认为这两船为在航机动船，改手操舵航行，并决定从两小船中间驶过。

1815时见右前方小船显示红绿舷灯，约1817时又突然显示红色舷灯，似乎有向左前方小船靠拢之势。1818时大副拉汽笛一短声，下令右舵20°，将车钟从前进四拉到前进二，拟把两条小船放在其左舷通过，1819时右前方小船又突然显示绿色舷灯，大副即令停车右满舵，1820时A轮右舷1号舱处与右前方小船艉部发生碰撞，如图4-7所示。随即见小船沿该轮右舷向后滑去，灯光熄灭，不见踪影。大副在海图室门口叫船长上驾驶台。当时，GPS显示船位28°36′N、122°33′E，即东矶岛以东约24 n mile处。

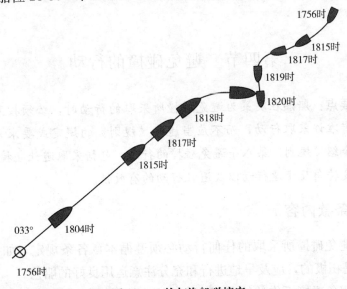

图4-7　A轮与渔船碰撞案

1821时船长上驾驶台，即命开启射灯，抛救生圈下海，并用望远镜、雷达搜索，随后调头继续搜索找寻该小船。VHF CH16呼叫附近船只请求协助进行搜救。1845 时通知放左舷救生艇。1919 时慢车，继续在出事区域来回搜索，未发现落水人员。2004 时两名渔船 C 船员登上 A 轮，告知碰撞的是其姐妹船渔船 B，已经沉没，上有 5 位渔民失踪。

2. 原因分析

①渔船 B 没有按规定正确悬挂拖网作业应显示的号灯。没有表明渔船 B 和渔船 C 是一对正在拖网作业的渔船。给 A 轮值班驾驶员造成一种错觉，认为上述两条渔船是在各自单独航行，且正从对面驶来。

②A 轮疏忽瞭望。没有用雷达观测等多种辅助手段来判明船首线附近的两条渔船动态。仅凭不充分的肉眼观察，盲目地把一对拖网渔船当成两条各自独立的渔船来对待。

③当时海面较清爽，仅在艏前方左右 3°各有一条渔船，A 轮不但没有按避碰规则要求，积极地并及早地大幅度转向让清上述渔船，反而打算从两渔船中间通过。

④当 A 轮临近两小船，并拟从中间驶过时，渔船 B 开始显示红绿舷灯，接着又突然显示红色舷灯，1818 时值班驾驶员拉一长声，叫右舵 20°避让，拟将上述两渔船放在其左舷通过，1919 时又见渔船 B 突然显示绿舷灯，1820 时与该渔船尾部擦碰。假若当时渔船 B 继续保速保向行驶，碰撞是可以避免的。

第四节　避免碰撞的行动

本节要点：船舶在决策为避免碰撞所采取的行动时，必须按照《规则》的要求或者准许采取行动，而不应当违背《规则》的规定或要求采取行动。本节主要介绍《规则》第八条避免碰撞的行动，包括采取避让碰撞行动的要求、大幅度转向及变速行动以及避让行动的有效性。

一、条款内容

1. 为避免碰撞所采取的任何行动必须遵循本章各条规定，如当时环境许可，应是积极的，应及早地进行和充分注意运用良好的船艺。

2. 为避免碰撞而作的航向和（或）航速的任何变动，如当时环境许可，应大得足以使他船用视觉或雷达观测时容易察觉到；应避免对航向和（或）航速作一连串的小改变。

3. 如有足够的水域，则单用转向可能是避免紧迫局面的最有效行动，只要这种行动是及时的、大幅度的并且不致造成另一紧迫局面。

4. 为避免与他船碰撞而采取的行动，应能导致在安全的距离驶过。应细心查核避让行动的有效性，直到最后驶过让清他船为止。

5. 如需为避免碰撞或须留有更多时间来估计局面，船舶应当减速或者停止或倒转推进器把船停住。

6. （1）根据本规则任何规定，要求不得妨碍另一船通行或安全通行的船舶应根据当时环境的需要及早地采取行动以留出足够的水域供他船安全通行。

（2）如果在接近他船致有碰撞危险时，被要求不得妨碍另一船通行或安全通行的船舶并不解除这一责任，且当采取行动时，应充分考虑到本章各条可能要求的行动。

（3）当两船相互接近致有碰撞危险时，其通行不得被妨碍的船舶仍有完全遵守本章各条规定的责任。

二、条款解释

1. 采取避免碰撞行动的要求

如当时环境许可，应采取避免碰撞行动的要求如下。

（1）积极的

（2）及早的　对于"及早"，《规则》中未给出具体定量的规定，在开阔的水域中，实际通常认为：

①对正横前的来船宜在两船相距 $4\sim6$n mile 时采取大幅度的避让行动。

②对正横后的来船宜在两船相距 3n mile 以外采取人幅度的避让行动。

③对正横附近的来船在相距较近时宜把船停住。

（3）充分运用良好的船艺　良好的船艺通常表现为但不限于下列情况：

①在通航密度较大的水域或在狭水道与航道中行驶时，将主机做好随时操纵的准备。

②在狭水道、航道及其他浅水区域航行备双锚。

③夜间遇来船，首先查核本船号灯工作情况。

④船舶在实施避让时，使用手操舵，并且应叫舵角而不应叫航向。

⑤熟知船舶车、舵性能，正确使用车、舵。

⑥抛锚紧急避让时，应抛双锚。

⑦在狭水道或航道或通航密度较大的水域中，追越他船时，应鸣放相应声号。

⑧追越时，应保持一定的间距，以避免船吸。

⑨锚泊时，应选择适当的锚位，留有足够的旋回余地。

⑩大风急流中锚泊，为防止走锚，应启动主机。

2. 采取大幅度的转向

①"大幅度"是指他船用视觉或雷达观察时能明显地察觉到本船已采取避让行动，并能导致两船在安全的距离上通过。在互见中，采取转向避让时，对遇局面，应转向到看不见他船的绿舷灯；交叉相遇局面，让路船应让到显示本船的红舷灯，如图4-8所示。能见度不良时，转向应至少30°，最好在60°以上。采取变速行动时，至少应减速一半。

②在采取避让行动时最忌讳的是对航向和（或）航速作一连串的小变动。

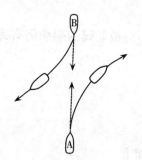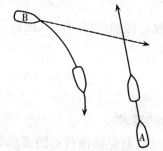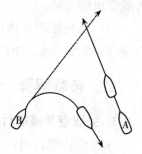

图4-8 避让时采取大幅度的转向

3. 避免紧迫局面

"紧迫局面"是指当两船接近到单凭一船的行动已不能导致在安全距离上驶过的局面。"紧迫危险"是指当两船接近到单凭一船的行动已不能避免碰撞的局面。

单凭转向作为避免紧迫局面的最有效行动，必须满足以下条件：

①有足够的水域，是先决条件；

②行动是及时的；

③行动是大幅度的；

④不致造成另一紧迫局面，如图4-9所示。

4. 避让行动的有效性

（1）安全距离　船舶采取避让行动的最终目的是能导致在安全的距离驶过。安全距离是一个变量，根据不同的会遇格局，其值并不相同。通常认

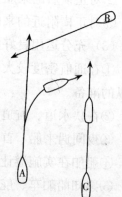

图4-9 与另一船构成紧迫局面

为：船首交叉相遇局面，至少 12 倍船长；船尾交叉相遇局面，至少 4 倍船长；对驶和追越，至少 4 倍船长；在狭水道中，可适当减少。在夜间或能见度不良的水域中航行时，安全距离应当加倍。

（2）查核避让行动的有效性　查核避让行动的有效性适用于任何能见度情况下会遇的两船。对避让行动的查核应贯穿于整个会遇过程中，直到驶过让清为止。

（3）驶过让清　驶过让清通常是指船舶采取让路或避碰行动后，两船以安全的最近会遇距离(DCPA)相互驶过；在恢复原来的航向或航速后，两船仍然能保持在安全距离上驶过，并且不会与他船或航海危险物形成新的碰撞危险。

5. 变速行动

在需要的情况下，为避免碰撞或留有更多的时间估计局面，通常在狭水道或航道、船舶密集的水域、能见度不良的水域中航行时，船舶应采取减速、停车、倒车等避让方法。

6. 不得妨碍大船航行

帆船、船长小于 20m 的船舶、从事捕鱼的船舶在狭水道或航道、分道通航制区域航行或从事捕鱼作业时，应让开主航道，给大船的前方留出足够的水域使其安全通过。当存在碰撞危险时，并不免除这种不妨碍的义务。但此时，应密切注意大船的动向，避免产生不协调的行动。如果大船处于让路船的位置，则其有义务采取避让行动，避免危险局面的发生。

三、案例分析

1. 事件经过

某日，能见度 7n mile，浪级 3 级，东南风 5 级。集装箱船 A 轮 1330 时离开连云港集装箱码头驶往上海。2000 时，三副接班，船位 34°42′8″N、120°56′3″E，航向 116°、船速前进三（海上速度约 14.5kn）。

2324 时，三副观察雷达及通过船舶自动识别系统瞭望，发现海面船舶态势情况如下：右舷 7°、距离 8.8n mile 处有一货轮 B 轮与本船成交叉态势；左舷 2°、距离 8.3n mile 有一渔船 C 与本船成对遇态势；右舷 11°距离 4.5n mile 处有两条渔船与本船航向接近 90°角穿越船首；左舷 20°、距离 4n mile 处有许多渔船正在作业。

2326 时，渔船 C 航向不变、距离在接近，仍可见其红绿灯。2335 时，渔船 C 位于 A 轮右舷 2°、距离 3.85n mile 处。2339 时，B 轮与 A 轮右对右安全通过，垂直穿越 A 轮船首两条渔船已通过船首继续向左航行。此时渔船 C 在 A 轮右舷 4°、距离 2.25n mile，三副令手操舵向右 10°，改驶 126°。

2341 时，渔船 C 轮在 A 轮左舷 4°、距离 1.44n mile，距离变小。三副令向右改驶 136°。2343 时，渔船 C 在 A 轮左舷 13°、距离 0.66n mile 处。三副采取右舵 10°避让。此时发现渔船 C 轮采取大幅度左转，三副即令右满舵。

2345 时，由于距离过近，终因所采取的措施过晚及双方采取的避让行动不协调，造成 A 轮船首左舷与渔船 C 右舷发生碰撞，如图 4-10 所示。碰撞后，A 轮船长即上驾驶台进行指挥，令停车，右满舵，发出人员落水信号，采取搜寻营救措施，同时观察到另一条渔船正在靠拢出事船渔船 C。由于事故发生后，造成渔船 C 机舱及货舱大量进水，8 名船员全部登上营救他们的姊妹渔船。

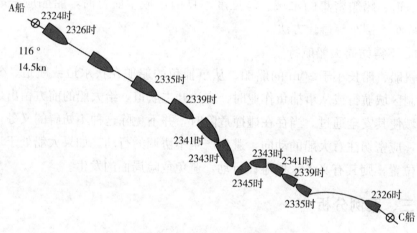

图 4-10　A 船与 C 船碰撞案

2. 事故原因

A 轮与渔船 C 碰撞事故是由双方的过失造成的。

（1）瞭望不当　在整个瞭望过程中，对雷达上发现的物标都未进行 ARPA 雷达目标跟踪，没有进行系统观察，未进行 VHF 必要的沟通和联系。

（2）没有采用安全航速　在整个避免碰撞的操作过程中，始终没有考虑到减速或者停船的措施，致使最后没有留出足够的时间来分析判断双方态势，造成避让不协调而发生碰撞。

（3）避免碰撞的行动有误　A 轮没有采取大幅度右转措施，一直对航向作出一连串的小变动，由于避让行动的不明显，也给渔船造成误解并促成采取左让的措施，导致双方避让行动的不协调并发生碰撞。

第五节　狭　水　道

本节要点：狭水道最显著的特点是航道狭窄、弯曲，且有浅滩和礁石等危险物，船舶没有足够的回旋余地。本节主要介绍《规则》第九条狭水道，包括狭水道航行规则、帆船和长度小于20m的船舶和从事捕鱼的船舶在狭水道内的不应妨碍的义务，以及穿越狭水道、在狭水道中追越及航行的注意事项。

一、条款内容

1. 沿狭水道或航道行驶的船舶，只要安全可行，应尽量靠近其右舷的该水道或航道的外缘行驶。

2. 帆船或者长度小于20m的船舶，不应妨碍只能在狭水道或航道以内安全航行的船舶通行。

3. 从事捕鱼的船舶，不应妨碍任何其他在狭水道或航道以内航行的船舶通行。

4. 船舶不应穿越狭水道或航道，如果这种穿越会妨碍只能在这种水道或航道以内安全航行的船舶通行。后者若对穿越船的意图有怀疑，可以使用第三十四条4款规定的声号。

5.（1）在狭水道或航道内，如只有在被追越船必须采取行动以允许安全通过才能追越时，则企图追越的船，应鸣放第三十四条3款（1）项所规定的相应声号，以表示其意图。被追越船如果同意，应鸣放第三十四条3款（2）项所规定的相应声号，并采取使之能安全通过的措施。如有怀疑，则可以鸣放第三十四条4款所规定的声号。

（2）本条并不解除追越船根据第十三条所负的义务。

6. 船舶在驶近可能有其他船舶被居间障碍物遮蔽的狭水道或航道的弯头或地段时，应特别机警和谨慎地驾驶，并应鸣放第三十四条5款规定的相应声号。

7. 任何船舶，如当时环境许可，都应避免在狭水道内锚泊。

二、条款解释

1. 狭水道的航行规则

（1）狭水道和航道　狭水道是指可航水域宽度狭窄、船舶操纵受到一定限制的通航水域。航道是指一个开敞的可航水道或由港口当局加以疏浚并维持一定水深的水道。

（2）航行规定　只要安全可行，应尽量靠近本船右舷的水道或航道的外缘行驶。

"只要安全可行"是尽量靠近本船右舷的水道或航道的外缘行驶的前提条件。《规则》并不希望船舶过分地靠近狭水道或航道的右侧的岸边或浅滩行驶，以至于把本船置于危险的境地中。所谓的"安全可行"，通常是指沿狭水道或航道行驶的船舶，应在安全的前提下，尽量靠右行驶。应注意避免发生触礁、搁浅、触岸等危险情况。不同吃水的船舶应根据水道的水深及本船的吃水来决定本船应驶的区域，如图 4-11 所示。

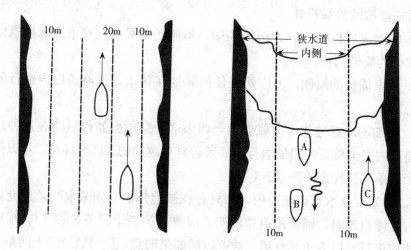

图 4-11　船舶在狭水道中的航法

2. 帆船和长度小于 20m 的船舶

帆船和长度小于 20m 的船舶应尽量让开主航道，在安全的条件下，保持在航道以外的水域行驶。若进入狭水道或航道，则应及早地采取行动，流出足够的水域供他船安全通过。

3. 从事捕鱼的船舶

从事捕鱼的船舶可以在狭水道或航道内捕鱼，但不得妨碍任何其他在沿狭水道或航道内航行的船舶通行。该类船舶是指除捕鱼作业船外，不论类型和大小，只要使用该狭水道或航道的船舶。

4. 穿越狭水道

本款规定，如果穿越船的穿越行动会妨碍只能在狭水道或航道内安全航行的船舶通行时，则应避免穿越。但当这种穿越行动不会妨碍只能在狭水道或航道以内安全航行的船舶通行时，穿越是允许的。因此企图穿越狭水道或航道的船舶，应选择在对航道的通航情况作出充分估计之后再进行穿越。

5. 狭水道追越

①适用范围。仅适用于"互见中"，不适用于"能见度不良"。

②企图追越的船鸣放二长一短或二长二短声号的条件是只有被追越船必须采取行动方能安全追越时。

③被追越船如果同意，应鸣放一长一短一长一短的声号，并且被追越船应采取能使追越船安全通过的措施。如果有怀疑或不同意追越，可鸣放至少五短声的声号。

④在狭水道或航道内，被追越船为了能使追越船安全追越，采取了相应的行动，这并不意味着被追越船承担让路责任而解除了追越船的责任。追越船仍应按追越条款承担责任和义务。

6. 狭水道航行注意事项

①任何船舶驶近被居间障碍物遮蔽他船的狭水道或航道的弯头或地段时，应特别机警和谨慎驾驶，靠狭水道右侧行驶，并鸣放一长声。

②任何船舶应避免在狭水道内锚泊。当遇到紧急情况时，应尽可能地选择在不妨碍他船通过的地方锚泊。

三、案例分析

1. 事故经过

渔业运输船 A 从渔港起航去北太平洋转运渔获物。某日 1550 时，该船由船副和水手接班后继续航行。当时，海面西南风 3～4 级、视程 3～4n mile、航速 13kn，开启两部雷达。1600 时，转向到 130°，该船进入孟古水道航行。1840 时，因海面有雾，视程 20～30m，船 A 船副从雷达观测，发现本船右前方 20°和 25°，距离 6n mile 和 6.5n mile 有两艘来船影响。1850 时，发现来船在本船右舷角 10°和 15°，距离 3n mile 和 3.5n mile。这时船副错误判断本船保向保速即可安全通过。1855 时，当发现一来船距本船 1.3n mile 时，船副采取改变航向 125°，鸣放雾号等措施航行。约 2min后，从雷达已看不到来船影像（进入雷达盲区），当用肉眼发现来船时，已距离 20～30m，采取避让措施已来不及，来船船首直接撞到船 A 右舷中后部，造成船 A 轮机长房间下至机舱冷冻间舷墙被撞开一个约 6m² 的大洞，致使机舱大量进水，主机死车，全船断电，情况十分危急。船长立即指挥施放救生艇、救生筏，在人员陆续登上艇筏后，离开母船，从碰撞到沉没约10min，造成船 A 沉没和 1 人失踪、2 人重伤的严重后果。

2. 原因分析

本次事故是由于不遵守狭水道条款航行而导致的一起重大事故。狭水道条款明确规定"应尽量靠近其右舷的该水道或航道的外缘行驶"，而船 A 却越过中心航道线进入了左侧航道。

第六节　船舶定线制和分道通航制

本节要点：船舶定线制是海上船舶交通管理的一种措施，由岸基部门用法律规定或推荐形式指定船舶在海上某些海区航行时所遵循或采用的航线。本节主要介绍《规则》第十条分道通航制，包括船舶定线制的种类及在分道通航制水域中的航行规定。

一、条款内容

1. 本条适用于本组织所采纳的分道通航制，但并不解除任何船舶遵守任何其他各条规定的责任。

2. 使用分道通航制的船舶应：

（1）在相应的通航分道内顺着该分道的交通总流向行驶；

（2）尽可能让开通航分隔线或分隔带；

（3）通常在通航分道的端部驶进或驶出，但从分道的任何一侧驶进或驶出时，应与分道的交通总流向形成尽可能小的角度。

3. 船舶应尽可能避免穿越通航分道，但如不得不穿越时，应尽可能以与分道的交通总流向成直角的船首向穿越。

4. （1）当船舶可安全使用临近分道通航制区域中相应通航分道时，不应使用沿岸通航带。但长度小于 20m 的船舶、帆船和从事捕鱼的船舶可使用沿岸通航带。

（2）尽管有本条 4 款（1）项规定，当船舶抵离位于沿岸通航带中的港口、近岸设施或建筑物、引航站或任何其他地方或为避免紧迫危险时，可使用沿岸通航带。

5. 除穿越船或者驶进或驶出通航分道的船舶外，船舶通常不应进入分隔带或穿越分隔线，除非：

（1）在紧急情况下避免紧迫危险；

（2）在分隔带内从事捕鱼。

6. 船舶在分道通航制端部附近区域行驶时，应特别谨慎。

7. 船舶应尽可能避免在分道通航制内或其端部附近区域锚泊。

8. 不使用分道通航制的船舶，应尽可能远离该区域。

9. 从事捕鱼的船舶，不应妨碍按通航分道行驶的任何船舶的通行。

10. 帆船或长度小于20m的船舶，不应妨碍按通航分道行驶的机动船的安全通行。

11. 操纵能力受到限制的船舶，当在分道通航制区域内从事维护航行安全的作业时，在执行该作业所必需的限度内，可免受本条规定的约束。

12. 操纵能力受到限制的船舶，当在分道通航制区域内从事敷设、维修或起捞海底电缆时，在执行该作业所必需的限度内，可免受本条规定的约束。

二、条款解释

1. 船舶定线制

（1）船舶定线制及其种类　船舶定线制指以减少海难事故为目标的单航路或多航路和（或）其他定线措施，包括分道通航制、双向航路、推荐航线、避航区、沿岸通航带、环行道、警戒区和深水航路，这些定线措施可根据实际情况单独使用或结合起来使用。到目前，全世界已有200多个船舶定线制。

①分道通航制。分道通航制是指通过适当方法建立通航分道，分隔相反方向交通流的一种定线措施。

②双向航路。双向航路是指在规定的界限内建立双向通航，旨在为通过航行困难或危险水域的船舶提供安全通道的一种措施。

③推荐航线。推荐航线是指经过特别选择以尽可能保证无危险存在并建议船舶沿其航行的一种航路。

④避航区。避航区是指在规定的界限内组成的一个对于航行特别危险的区域，要求所有船舶或某些等级的船舶应远离该区。

⑤沿岸通航带。沿岸通航带是指分道通航制区域中靠岸一边的界限线与相邻海岸之间用作沿岸通航的一个制定区域。

⑥环形道。环形道是指由一个分隔点或圆形分隔带和一个规定界限的环形通航分道所组成的一种定线措施。在环形通道内，通航船舶环绕分隔点或带按逆时针方向航行而实现分隔。

⑦警戒区。警戒区是指船舶必须谨慎驾驶的区域，该区域内的交通流方向可能被推荐。

⑧深水航路。深水航路是指在规定的界限内，海底及海图上所标志的水下障碍物已经精确测量适于深吃水船舶航行的航路。

（2）航道分隔方法

①使用分隔带和（或）分隔线分隔相反的交通流，如图 4-12 所示。

②使用天然障碍物及地理上明确的目标分隔通航航道，如图 4-13 所示。

③采用沿岸通航带分隔过境通航和区间通航，如图 4-14 所示。

④对接近汇聚点的相邻分道通航制采用扇形分隔，如图 4-15 所示。

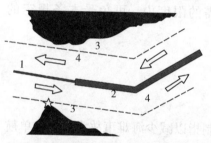

图 4-12　使用分隔带（线）分隔相反的交通流

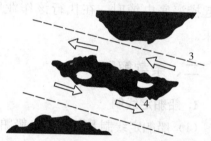

图 4-13　使用天然障碍物分隔通航航道

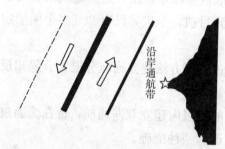

图 4-14　用沿岸通航带分隔过境通航和地方交通

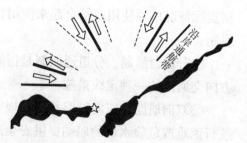

图 4-15　在汇聚点附近用扇形分隔

⑤在分道通航制交会的汇聚点或航路连接处的航道分隔方法，如环形道（图 4-16）、航道连接（图 4-17）、警戒区（图 4-18、图 4-19）。

⑥其他定线方法。深水航路（图 4-20）、避航区（图 4-21）、推荐航线（图 4-22）、双向航路（图 4-23）。

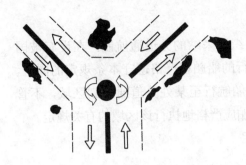

图 4-16　环形道

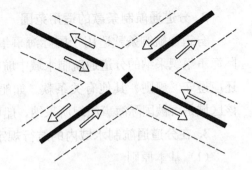

图 4-17　"十"字形航道连接

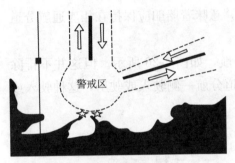

图 4-18　警戒区在交通汇聚点的应用

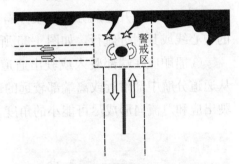

图 4-19　带环绕区的警戒区

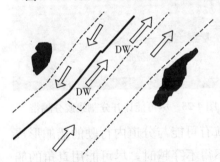

图 4-20　深水航路

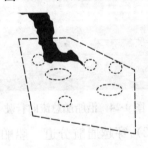

图 4-21　避航区

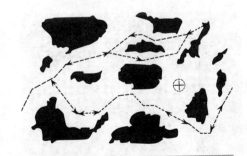

图 4-22　推荐航线

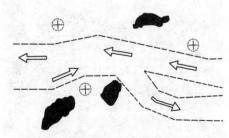

图 4-23　双向航路

2. 分道通航制条款的适用范围

分道通航制条款适用于国际海事组织所采纳的分道通航制。在设有被国际海事组织采纳的分道通航制水域中航行的船舶在严格遵守本条规定的同时，还应遵守《规则》其他有关条款。如船舶航行至某处分道通航制区域，不管该区域是否被国际海事组织所采纳，船舶应严格地执行该区域的有关规定。

3. 在分道通航制水域内的航行规定

（1）基本原则

①顺着该分道的交通总流向行驶，如图 4-24 所示。

②尽可能让开通航分隔线或分隔带，意味着船舶应保持在相应通航分道的中心线或其附近航行，如图 4-25 所示。

③船舶应在端部驶入或驶出通道分航，如图 4-26 所示。但这并不排除从通道分航中部附近或离端部较远的通道分航一侧驶入或驶出，这种驶入或驶出应和总流向形成尽可能小的角度。

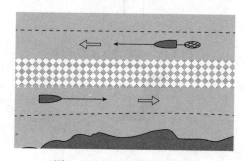

图 4-24　沿船舶总流向行驶

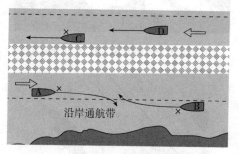

图 4-25　尽可能让开分割线或分隔带

（2）穿越通航分道　船舶穿越通道分航有可能与分道内行驶的船舶形成碰撞危险，尽可能避免穿越通航分道，如不得不穿越时，尽可能用直角的船首向穿越，如图 3-27 所示。

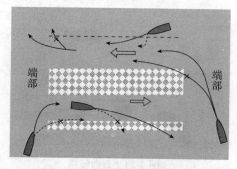

图 4-26　驶进或驶出通航分道

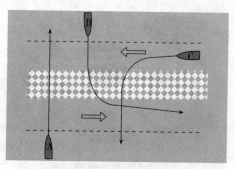

图 4-27　穿越通航分道

（3）沿岸通航带 沿岸通航带可分隔沿海航行和过境航行的船舶，减小沿岸通航带内的船舶通航密度，改善船舶航行秩序，保证船舶航行安全和沿岸国家的环境安全。《规则》中对可安全使用分道通航制的船舶，不应使用沿岸通航带。可使用沿岸通航带的船舶有：①长度小于 20m 的船舶；②帆船；③从事捕鱼的船舶；④抵离位于沿岸通航带中的港口、近岸设施或建筑物、引航站或任何其他地方的船舶；⑤不能安全使用邻近相应通航分道安全航行的船舶；⑥避免紧迫危险的船舶。

（4）进入分隔带或穿越分隔线 分隔带和分隔线的作用是分隔相反方向行驶的船舶。船舶应避免进入分隔带或穿越分隔线，但下列船舶除外：①需要穿越或驶进、驶出通航分道的船舶；②在紧急情况下避免紧迫危险的船舶；③在分隔带内从事捕鱼的船舶。

在分隔带内从事捕鱼时，从事捕鱼的船舶可以根据需要朝任意方向行驶，但在靠近通航分道从事捕鱼时，应顺着该附近通航分道的交通总流向行驶，以避免与分道内的船舶形成接近对遇的态势，同时还应注意所用的渔具不致影响通航分道内船舶的航行，如图 4-28 所示。

（5）在端部附近行驶 分道通航制的端部附近是船舶进出分道通航制的汇聚区，船舶密度大，船舶大幅转向，交叉相遇和对遇局面概率增加，应特别谨慎驾驶船舶，如图 4-29 所示。

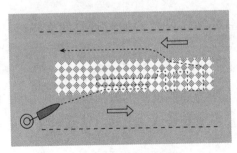

图 4-28 在分隔带内从事捕鱼

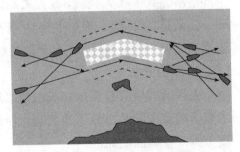

图 4-29 在分道通航制端部行驶

（6）避免锚泊 船舶应当尽可能避免在通航分道内、分隔带内以及分道通航制的端部附近锚泊。如果情况紧急必须抛锚时，也尽可能选择在分隔带内或其他不影响他船正常航行的地点锚泊。

（7）远离分道通航制区域 为了避免干扰使用分道通航制区域的船舶，不使用分道通航制区域的船舶应尽可能远离该区域，通常应保持在 1n mile 以上的距离。

（8）从事捕鱼的船舶　《规则》允许从事捕鱼的船舶在分道通航制区域内捕鱼。但应以不妨碍在通航分道内航行的任何船舶，应顺着船舶总流向行驶。

4. 船舶在分道通航制水域航行的注意事项

（1）遵守船舶报告制度　在某些分道通航制水域，如马六甲海峡、加来海峡以及我国成山角分道通航制水域等，船舶要在指定地点向主管当局报告船舶的详细信息，以便有关部门对船舶实施动态安全管理。

（2）保持 VHF 守听　船舶在分道通航制水域航行时，应保持在 VHF16 频道守听。

（3）注意接收"YG"信号　"YG"信号的含义是你船似未遵守分道通航制。

（4）严格遵守《规则》第十条分道通航制的规定。

（5）在采取避让行动时，船舶必须遵守《规则》其他条款的规定。

三、案例分析

1. 海事案例

①某日 2310 时，渔船 A 从事拖网作业后，在 36°56′N、123°13′E 海域锚泊时，与某韩籍拖轮的拖缆发生碰撞，造成渔船 A 倾覆，船上 9 名船员全部落水。其中 4 人获救，5 人失踪。

②某日 2220 时，渔船 B 在山东石岛外 20n mile 海域与货轮发生碰撞，造成渔船 B 沉没，船上 10 人全部失踪。

2. 原因分析

上述两起事故是发生在成山角水域渔船与商船发生的海损事故，成山角水域船舶定线制是由分道通航制、沿岸通航带和警戒区组成。以下从渔船角度分析发生碰撞的原因。

①不按规定保持正规瞭望。

②不按规定显示号灯和号型。

③不遵守能见度不良时的行动规则。

④形成紧迫局面时采取措施不当。

⑤不严格执行定线制。

在分道通航制水域发生的船舶碰撞事故，主要原因有在分道通航内随意锚泊、作业；走错分道；未以直角穿越，抄近路；不在通航分道的端部驶进和驶出；在分道内近距离穿越他船船首。

1. 瞭望的手段有哪些及其特点是什么？

2. 船舶如何保持正规瞭望？

3. 决定"安全航速"时应考虑哪些因素？

4. 判断碰撞危险的方法有哪些及其特点是什么？

5. 积极地、及早地采取避碰行动的含义是什么？

6. 大幅度的行动的含义及标准是什么？

7. 如何理解"应尽量靠近本船右舷的该水道或航道的外缘行驶"？

8. 从事捕鱼的船舶在分道通航制内应当注意哪些问题？

第五章　船舶在互见中的行动规则

《规则》第十一条适用范围规定"本节条款适用于互见中的船舶"。即《规则》第十二条至第十八条仅适用于互见中的船舶。

本节各条阐述互见条件下船舶在各种会遇局面所应遵守的行动准则。

第一节　帆　　船

本节要点：帆船作为一项水上运动，它集竞技、娱乐、观赏和探险于一体，备受人们喜爱。本节主要介绍《规则》第十二条帆船，包括帆船之间的避让责任以及机动船避让帆船方法。

一、条款内容

1. 两艘帆船相互驶近致有构成碰撞危险时，其中一船应按下列规定给他船让路：

（1）两船在不同舷受风时，左舷受风的船应给他船让路；

（2）两船在同舷受风时，上风船应给下风船让路；

（3）如左舷受风的船看到在上风的船而不能断定究竟该船是左舷受风还是右舷受风，则应给该船让路。

2. 就本条规定而言，船舶的受风舷侧应认为是主帆被吹向的一舷的对面舷侧；对于方帆船，则应认为是最大纵帆被吹向的一舷的对面舷侧。

二、条款解释

1. 适用范围

本条仅适用于在互见中两艘帆船相遇并致有碰撞危险时，且不在追越中的局面。由于我国在接受《规则》时对非机动船舶做了保留，因而我国的非机动船不受《规则》的约束，也不受本条的限制，而仅适用于 1958 年颁布的《中华人民共和国非机动船舶海上安全航行暂行规则》。

2. 避让责任

①两船不同舷受风时，左舷受风的船应给他船让路。

②两船同舷受风时，上风船应给下风船让路。

③若左舷受风的船看到在上风的船而不能断定究竟该船是左舷受风还是右舷受风，则应给该船让路。

帆船之间的避让责任关系，如图 5-1 和图 5-2 所示。

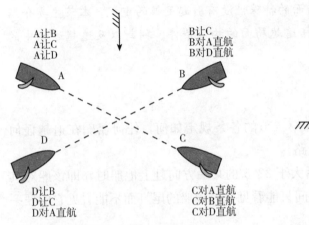

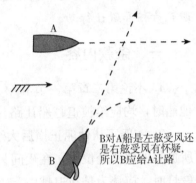

图 5-1　两艘帆船间的避让关系　　　　图 5-2　对他船何舷受风有怀疑

3. 机动船避让帆船的方法

根据《规则》第十八条的规定，在航机动船应给帆船让路。机动船在避让帆船时，应根据帆船航行和操纵的特点、当时的风向采取适当的避让行动。机动船避让帆船的方法，通常应遵循以下原则：

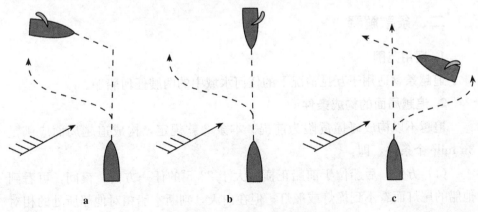

图 5-3　机动船避让帆船的方法

①帆船顺风行驶时，应从帆船船尾通过，如图 5-3（a）所示。

②帆船横风行驶时，应从帆船上风侧通过，如图 5-3（b）所示。

③帆船逆风行驶时，应从帆船船尾通过，如图 5-3（c）所示。

第二节　追　　越

本节要点：追越容易引起船舶碰撞事故，主要原因是对追越条款的某些概念模糊不清，或者对该局面的特殊性没有引起足够的重视。本节主要介绍《规则》第十三条追越，包括追越局面的构成条件、判断以及追越过程中的避让责任和避让行动。

一、条款内容

1. 不论第二章第一节和第二节的各条规定如何，任何船舶在追越任何他船时，均应给被追越船让路。

2. 一船正从他船正横后大于 22.5°的某一方向赶上他船时，即该船对其所追越的船所处位置，在夜间只能看见被追越船的尾灯而不能看见它的任一舷灯时，应认为是在追越中。

3. 当一船对其是否在追越他船有任何怀疑时，该船应假定是在追越，并应采取相应行动。

4. 随后两船间方位的任何改变，都不应把追越船作为本规则条款含义中所指的交叉相遇船，或者免除其让开被追越船的责任，直到最后驶过让清为止。

二、条款解释

1. 适用范围

追越条款适用于互见情况下的任何水域中的两艘任何船舶。

2. 追越局面的构成条件

追越不以构成碰撞危险为前提。本条 2 款规定，构成追越局面应满足 3n mile 个条件，即：

（1）方位　后船位于前船正横后大于 22.5°的任一方向，夜间，可看到他船的尾灯而看不到桅灯或舷灯；但在白天，判断本船相对他船所处的相对方位是困难的。

（2）距离　后船位于前船的尾灯能见距离之内。根据《规则》第二十二条规定，尾灯的最小照距是 3n mile 或 2n mile。通常认为后船距离前船3n mile时开始适用（满足其他条件时）。

（3）速度　后船速度大于前船速度。

夜间，追越局面，如图 5-4 所示。白天，追越局面，如图 5-5 所示。

图 5-4　夜间追越局面

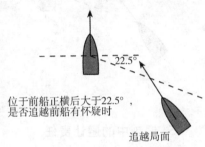

位于前船正横后大于22.5°，是否追越前船有怀疑时

图 5-5　白天追越局面

3. 判断追越局面应注意的事项

①后船对其是否在追越前船有任何怀疑，不论是否存在碰撞危险，应假定在追越，并承担让路责任，直到驶过让清他船。

②前船对于其右正横后 22.5°的他船是否在追越本船有怀疑时，应假定两船为交叉相遇局面。

③下列局面应视为追越：

a. 夜间，看到他船尾灯，并赶上他船时；

b. 白天，位于可看见的他船正横后大于 22.5°，且距离小于 3n mile 时，并赶上他船时；

c. 夜间，先看到他船尾灯，后来又看见他船绿舷灯和桅灯（由于本船赶上他船引起，而不是他船转向）。

④后船对是否正在追越前船存在怀疑的情况主要包括：

a. 夜间赶上他船，有时看到他船尾灯而有时又看到舷灯；

b. 夜间赶上他船，并且能同时看见他船的舷灯和尾灯；

c. 白天赶上他船，本船位于的他船正横后约 22.5°，且距离较近，本船对两船构成交叉相遇局面或追越有怀疑时；

d. 白天赶上他船，本船位于的他船正横后大于 22.5°，但对两船的距离是否构成追越不能确定；

e. 任何其他对是否构成追越有怀疑的情况。

4. 追越局面的特点

①相对速度小，相持时间长。

②容易与大角度交叉局面相混淆，如图 5-6 所示。

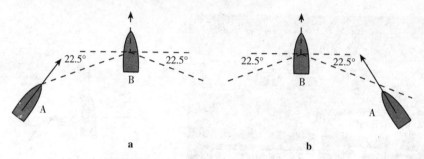

图 5-6　易与大角度交叉相混淆的追越

5. 追越中的避让责任

在追越过程中，两船间的方位、距离将发生变化，可能会形成"交叉会遇"局面，如图 5-7 所示。

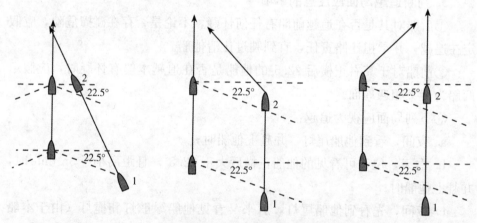

图 5-7　追越过程中两船之间的位置关系

①本条 1 款规定：任何船舶在追越任何他船时，均应给被追越船让路。即在追越局面中，追越船为让路船，被追越船为直航船。

②随后两船间方位的任何变化，都不会免除追越船的让路责任，直到驶过让清为止。

所谓"驶过让清"，是指追越船已经离开被追越船足够的距离以致不再妨碍被追越船的航行，即使追越船采取不适当的突发行动，被追越船也有足够的时间来判断和应对。

6. 追越中的避让行动

（1）追越船的行动

①追越船应始终牢记本船负有让路的责任和义务，如图 5-8 所示。

②在追越时，应当保持足够的横距，防止船吸现象发生。即使在追越过程中舵机失控，也不至于立即导致碰撞的发生。

③追越过程中尽可能保持平行追越。

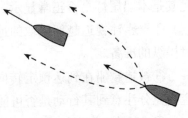

图 5-8　追越船让路

④当追越船追过前船后，不应当立即横越他船船首，以免构成紧迫局面，如图 5-9 所示。

⑤当两船航向成交叉态势时，追越船应适当地改变航向，以便从被追越船的尾部驶过之后，再实施追越，如图 5-10 所示。

⑥严密注视被追越船的动态，尽可能与被追越船保持 VHF 通信联系，以便保持协调行动。

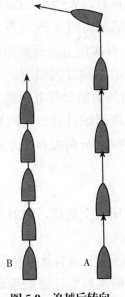

图 5-9　追越后转向

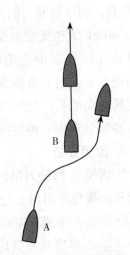

图 5-10　航向会聚追越

（2）被追越船的行动

①被追越船应严格遵守《规则》第十七条直航船的行动条款的各项

规定。

②应保持正规的瞭望，尤其是当船尾有船驶近时，应确认是否已构成"追越"。

③当发现有他船追越时，应当检查本船所显示的号灯、号型是否正常，尤其是本船尾灯是否正常显示。

④严密注视追越船采取的追越方式以及可能采取的任何行动，并做好随时操纵的准备。

⑤被追越船在到达预定转向点附近准备转向时，或者在避让第三船时，应当充分注意到其行动是否可能与追越船的避让行动相冲突。

⑥在追越过程中，尽可能与追越船保持 VHF 通信联系，协调双方行动。

三、案例分析

1. 事件经过

货船 A 由神户驶往天津新港途中，在韩国济州岛西北方与韩国渔船 B 相撞，致使渔船 B 沉没，1 名渔民救起，8 名渔民失踪。

根据货船 A 值班驾驶员回忆，当时天气视线良好，大约在 2250 时，目视第一次发现渔船 B，显示一盏白灯，用雷达观测距离约 3.2n mile，右舷 20°左右，初步判断为同向船。2300 时定船位后，再次用雷达观测距离约为 2.1n mile，方位无明显变化，距离逐渐接近，没有采取任何措施。当距离估计只有 0.4n mile 左右时，叫舵令左舵 5°，意图与渔船 B 拉开距离。当舵工回舵令 5°左时，突然发现渔船 B 显示红灯。值班驾驶员意识到渔船 B 在向左转插向船头，随即令舵工左满舵，停车，并拉汽笛两短声。左满舵不久，渔船 B 消失，稍后听到两轮碰撞声。

2. 原因分析

①货船 A 驾驶人员没有保持正规瞭望，未使用安全航速，未对当时的局面和碰撞危险做出充分的估计。

②货船 A 不遵守避碰规则，未及时作出正确判断和采取有效的避让行动。

货船 A 值班驾驶员应当根据当时的环境，判断本船为让路船采取相应的避让行动。当断定渔船 B 左转过该轮船头，采取右满舵绕过渔船 B 船尾可能避免碰撞。

③渔船 B 也有责任，不该强过大船船头。

第三节　对遇局面

本节要点：船舶对遇局面是海上航行经常遇到的一种船舶会遇势态。本节主要介绍《规则》第十四条对遇局面，包括判断对遇局面的方法及船舶在对遇局面中的避让责任与行动。

一、条款内容

1. 当两艘机动船在相反的或接近相反的航向上相遇致有构成碰撞危险时，各应向右转向，从而各从他船的左舷驶过。

2. 当一船看见他船在正前方或接近正前方，在夜间能看见他船的前后桅灯成一直线或接近一直线和（或）两盏舷灯；在白天能看到他船的上述相应形态时，则应认为存在这样的局面。

3. 当一船对是否存在这样的局面有任何怀疑时，该船应假定确实存在这种局面，并应采取相应的行动。

二、条款解释

1. 适用范围

本条适用于互见中航向相反或接近相反构成碰撞危险的两艘机动船。

2. 构成对遇局面的条件

根据本条 1 款的规定，构成对遇局面应满足三个条件：

（1）两艘机动船　本条所指的"机动船"是指除"操纵能力受到限制的船舶""失去控制的船舶""从事捕鱼的船舶"之外的用机器推进的船舶。

（2）航向相反或接近相反　两机动船是否构成对遇局面的航向是船首向，而不是船舶的航迹向，如图 5-11 所示。航向相反是指两船船首向相差180°。航向接近相反通常是指两船船首向的夹角为 6°左右或半个罗经点，如图 5-12 所示。

（3）致有构成碰撞危险　会遇两船的最近会遇距离（DCPA）表明是否致有构成碰撞危险。在海上，通常认为两船接近到 6n mile 左右，最近会遇距离（DCPA）小于 0.5n mile 时，即可认为构成了碰撞危险。

3. 判断对遇局面的方法

根据本条 2 款和 3 款的规定和对遇局面的构成条件，通常可依据下列方

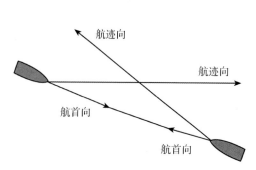

图 5-11　对遇两船的航向相反或接近相反

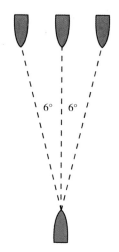

图 5-12　对遇两船之间的航向关系

法进行判断：

（1）两船之间的相互位置　当两艘机动船相互位于各自的正前方或接近正前方，以相反的航向或者接近相反的航向相互逼近时，即可认为对遇局面正在形成。

（2）船舶显示的号灯或相应的形态　在夜间发现他船的两盏桅灯成一条直线或者接近一条直线和(或)两盏舷灯，则两船构成对遇局面，如图 5-13 所示。在白天，两机动船看到他船的上述相应形态，即当来船位于本船的正前方或者接近正前方，见到他船的前后桅杆成一直线或接近一直线，或者看到他船的驾驶台正面对着或者接近正面对着本船，即可判定两船将形成对遇局面。

（3）持有任何怀疑　对是否构成对遇局面可能存在怀疑的情况通常有：

①对位于正前方且航向相反或接近相反的他船是否属于本条定义中的机动船难以断定。

②对位于正前方且航向相反或接近相反的他船所显示的两盏桅灯是否属于接近一直线难以断定。

③对位于正前方的他船时而显示红舷灯，时而显示绿舷灯，对两船航向是否相反或者接近相反以及是否存在碰撞危险难以断定。

④对于正前方小角度方向上的他船，是属于对遇局面还是交叉相遇局面难以断定。

⑤两艘机动船对驶，特别是右舷对右舷对驶且横距不宽裕时，对当时的

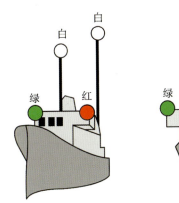

图 5-13　见到对遇船的形态

局面究竟是"对遇"还是"对驶"，是否致有构成碰撞危险难以断定。

当一船对是否存在对遇局面有怀疑时，该船应假定存在对遇局面，并采取相应的行动。

4. 对遇局面的避让责任与避让行动

在对遇局面中，两艘机动船具有同等的避让责任与义务，没有让路船与直航船之分。两船应及早地采取大幅度的向右转向行动，互从他船的左舷通过，如图 5-14 所示。在采取避让行动的同时，应用声号或灯号来表明所采取的避让行动。

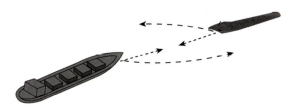

**图 5-14　两艘机动船对遇致有碰撞危险时，各应
向右转向，左对左通过**

①应各向右转向，并鸣放一短声，互从左舷驶过。

②应及早地采取大幅度的行动。

③对是否存在对遇局面有任何怀疑时，应假定确实存在这种局面，并应采取相应的行动。

5. 对遇局面的特点和危险对遇的含义

对遇局面是船舶会遇局面中危险最大的一种，其特点是：相对速度大，可供判断的时间短，可供避让的余地小。

危险对遇是指两艘机动船各自位于他船的右前方且间距较小的局面。在此局面中，两船往往会对当时的局面究竟是"对遇"还是"对驶"产生不同的观点，从而导致行动的不协调，产生碰撞，如图 5-15 所示。

三、案例分析

1. 海事案例

在船舶 A 和船舶 B 碰撞案中，如图 5-16 所示，碰撞发生时，天气晴朗，能见度良好。碰撞发生前，两船都在相当远的距离上看到了他船的桅灯，并在相距 7n mile 时用肉眼或望远镜获知

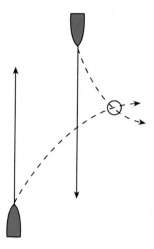

图 5-15　危险对遇

他船的航向。当时两船的航向接近相反，相差 $2°\sim3°$。在 0345 时，即碰撞前 15min，船舶 A 位于船舶 B 的右舷 $30°$，距离 $3\sim4$n mile 处。此时船舶 B 二副认为两船将以横距 1n mile 安全驶过而离开驾驶台，而船舶 A 却认为两船构成碰撞危险而采取了右转向的措施，最终发生碰撞。

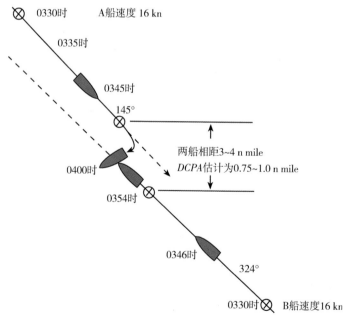

图 5-16　船舶 A 和船舶 B 碰撞案

2. 事故教训

为了避免在危险对遇中由于两船避碰行动的不协调而发生碰撞，一方面两船应当尽可能用 VHF 进行沟通协调两船的行动；另一方面，在采取避碰行动时，应当做到其行动是及早的、大幅度的，以便他船能够及早地察觉到本船的行动，避免采取不协调的行动。

第四节　交叉相遇局面

本节要点：互见中的船舶碰撞事故中在交叉相遇局面中发生的较多。本节主要介绍《规则》第十五条交叉相遇局面，包括两船构成交叉相遇局面的条件、避让责任以及让路船和直航船的行动。

一、条款内容

当两艘机动船交叉相遇致有构成碰撞危险时，有他船在本船右舷的船舶应给他船让路，如当时环境许可，还应避免横越他船的前方。

二、条款解释

1. 适用范围

①交叉相遇仅适用于互见中两艘机动船交叉相遇且有构成碰撞危险。

②两船所驶的航向，尤其是处于他船右舷侧的船舶所驶的航向，应是持久的、稳定的、并被他船所理解的航向。

③交叉相遇不适用于狭水道或航道的弯曲地段顺航道行驶的船舶。

④交叉相遇局面开始适用时的两船之间的距离以机动船的桅灯的最小能见距离为准。

2. 构成交叉相遇局面的条件

（1）两艘机动船　本条中"机动船"一词的含义与第十四条对遇局面中的"机动船"含义相同。

（2）交叉相遇　"交叉相遇"是指两船的船首向交叉，是指来船处于本船大于 6°舷角（左与右），但小于 112.5°舷角（左与右）的位置，即不包括"对遇局面"与"追越局面"已经涉及的两船航向交叉的情况，如图 5-17 所示。驾驶员通常根据两船所处的相对位置，把"交叉相遇"分成小角度交叉、垂直交叉（正交叉）和大角度交叉三种情况，如图 5-18 所示。

（3）致有构成碰撞危险　致有构成碰撞危险是构成交叉相遇局面的一个重要条件。通常认为，当一船可以用视觉看到他船桅灯时交叉相遇局面开始适用。对于船长大于等于50m的机动船可以认为两船相距6n mile时，交叉相遇局面开始适用；而对于船长小于50m的机动船，该距离视其最小能见距离予以适当的考虑。

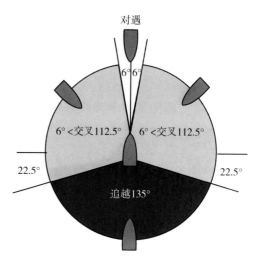

图5-17　三种会遇局面的方位关系

3. 交叉相遇局面中船舶的避让责任

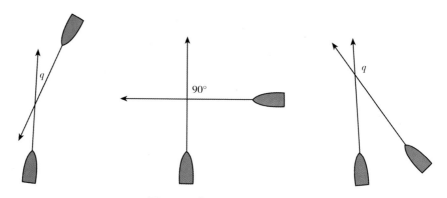

图5-18　交叉局面的三种情况

"交叉相遇局面"中，有他船在本船右舷的船舶应给他船让路，即避让右舷的船舶而不避让左舷的船舶，海员通常称之为"让红不让绿"。

4. 交叉相遇局面中船舶的避让行动

（1）让路船的行动

①通常情况下应采取向右转向的行动，从他船的船尾通过，即遵守"如当时环境许可，应避免横越他船的前方（即所谓的抢头）"。

②避让小角度交叉船时，应采取向右转向，从他船的船尾通过，如图5-19所示。

③避让垂直交叉船时，可以采取向右转向，也可采取减速行动，如图5-20所示。

④避让大角度交叉船时，不宜在较近的距离内右转，通常可适当左转或者减速让他船先通过，如图 5-21 所示。

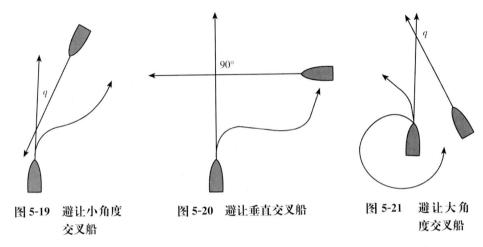

图 5-19　避让小角度　　　　图 5-20　避让垂直交叉船　　　　图 5-21　避让大角
　　　　交叉船　　　　　　　　　　　　　　　　　　　　　　　　　　度交叉船

（2）直航船的行动　　直航船首要的义务是保向保速，但在一定条件下也可以独自采取行动和采取最有助于避碰行动的责任。

5. 交叉相遇局面发生碰撞的原因

①相遇两船未保持正规瞭望，特别是让路船疏忽瞭望，以致形成紧迫局面，最后导致碰撞事故发生。

②让路船没有及早采取大幅度的行动，宽裕地让清他船。

③会遇双方误将小角度交叉判断为对遇，又相互观望，错过避让时机。

④直航船一味强调直航，不顾《规则》的其他要求，待紧迫局面形成时，违背《规则》采取向左转向的行动，导致两船行动不协调而发生碰撞事故。

三、案例分析

1. 事件经过

A 轮某日 1150 时，航向 243°，航速 13.4kn，天气晴，东北风 6 级，海浪 5 级，视线良好。6n mile 左右船头左舷 30°有 4 条渔船，船首正前方有 2 条渔船从左向右航行。ARPA 雷达开着。为避让渔船接班二副令值班水手向左调整航向 225°，稳定后进海图室。船长 1152 时上驾驶台拟报中午船位报，1215 时观看雷达有渔船，提醒二副注意渔船后，离开驾驶台。约 1225 时值班水手看到一条小渔船在右舷 30°左右，距离约 3n mile，向左斜插，向刚从海图室出来的二副报告，二副看了海面和雷达之后说："没事"，就到驾驶台右侧甲板瞭望。当值班水手在雷达上测到距离右舷渔船 0.71n mile，方位不变时，提醒二副是不是该让了，二副回答："没事它不敢过来"。二副看到渔船向右转向后又突然向左转向，才命令改用手操舵，并走 215°，水手还未回答完舵令，接着又要左舵 20°，左满舵，当航向左转，刚产生舵效时，与渔船发生了碰撞，此时 1242 时，船长上驾驶台，看到渔船船尾在本轮船头的右侧位置，立即叫停车，很快又看到渔船从船头左边露出来，但已经翻扣在水面上。

2. 原因分析

①未保持正规瞭望，未对当时的局面和碰撞危险做出充分的估计；A 轮发现渔船后，没有对渔船连续地观测和判断。

②不遵守避碰规则，不履行自己的职责和义务；A 轮面对位于其右舷的渔船，并且两船的航向呈交叉相遇局面，按照《规则》第十五条交叉相遇局面的规定，A 轮负有让路船的责任。

③未使用安全航速；A 轮在避让过程中值班驾驶员根本没有用车，直到发生碰撞，船长叫的停车。

④渔船在 A 轮明显没有按照《规则》采取避让行动时，没有独自采取操纵行动，以避免碰撞。

第五节　让路船与直航船的行动

本节要点：在不同的局面中让路船与直航船有着不同的责任，让路船自始至终负有让路的义务，直到驶过让清为止。而直航船则依据局面的变化负有不同的避碰义务。本节主要介绍《规则》第十六条让路船的行动、第十七条直航船的行动，包括让路船与直航船的含义及避让行动。

一、条款内容

（一）让路船的行动

须给他船让路的船舶，应尽可能及早地采取大幅度的行动，宽裕地让清他船。

（二）直航船的行动

1. （1）两船中的一船应给另一船让路时，另一船应保持航向和航速。

（2）然而，当保持航向和航速的船一经发觉规定的让路船显然没有遵照本规则条款采取适当行动时，该船即可独自采取操纵行动，以避免碰撞。

2. 当规定保持航向和航速的船，发觉本船不论由于何种原因逼近到单凭让路船的行动不能避免碰撞时，也应采取最有助于避碰的行动。

3. 在交叉相遇局面下，机动船按照本条 1 款（2）项采取行动以避免与另一艘机动船碰撞时，如当时环境许可，不应对在本船左舷的船采取向左转向。

4. 本条并不解除让路船的让路义务。

二、条款解释

1. 让路船与直航船的含义

让路船与直航船是相对而言的，即按《规则》规定应给他船让路的船舶为让路船，而另一船为直航船。本条所指的让路船是指：

①追越局面中的追越船；

②交叉相遇局面有他船在本船右舷的船舶；

③与失控船或操限船或从事捕鱼的船舶或帆船相遇的机动船；

④与失控船或操限船相遇的从事捕鱼的船舶；

⑤帆船局面中不同舷受风的左舷受风船或者同舷受风时的上风船或者怀疑为让路船的船舶。

2. 让路船的行动

让路船采取避让行动时，应尽可能及早地采取大幅度的行动，宽裕地让清他船，即"早、大、宽、清"。"早"是对采取避让行动的时机提出的要求；"大"是对采取避让行动的幅度提出的要求；"宽"是对采取避让行动所应达到的安全距离提出的要求；"清"是对最后避让结果提出的要求。此外，让路船还应遵守《规则》其他条款的规定。

3. 直航船的行动

（1）保持航向和航速　保持航向和航速（简称保向保速）通常是指保持初始的罗经航向和航速，但并非一定要保持在同一罗经航向和主机转速上，而应当理解为保持一船在当时从事航海操作所遵循的并为他船所理解的航向和航速。

直航船保持航向和航速的开始适用时间，通常以有关条款开始适用作为其生效的依据。终止保持航向和航速的时机，可以分三种情况：

①当直航船一经发觉规定的让路船显然没有遵照《规则》各条采取适当行动时；

②当直航船发觉不论何种原因逼近到单凭让路船的行动已不能避免碰撞时；

③让路船已经驶过让清时。

（2）可以独自采取行动　直航船可以独自采取行动的时机为让路船显然没有遵照本规则条款采取适当行动时；单凭让路船的行动已经不能在安全距离驶过时；紧迫局面已经或正在形成。通常认为,在海上两艘大型船舶形成紧迫局面的两船距离为 2～3n mile,小型船舶形成紧迫局面的两船距离适当缩短。

直航船在独自采取行动时，应注意以下几点：

①在采取行动前，应鸣放至少五短声和（或）显示至少五次短而急的闪光信号，以表示无法了解他船的意图或对其采取的避让行动存有怀疑。

②如当时环境许可，不应对在本船左舷的船采取向左转向；同时，还应严密注意他船的动态，做好随时采取行动的准备，如改用手操舵、命令主机备车，必要时请船长上驾驶台。

③在独自采取行动时，其行动应当是大幅度的并尽可能迅速完成，如转向，其幅度应当至少 30°以上；如采取减速，可先停车然后再微速前进；在采取操纵的同时，应鸣放相应的操纵声号和（或）显示操纵号灯。

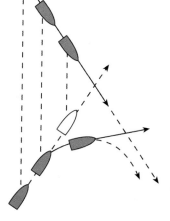

④在转向时，要充分注意他船穿越船头的情况，对于不同的会遇形势，背着他船转向时，还应采取最有利的转向行动。对于左舷小角度方向上的他船，应在较早的时刻进行，如图 5-22 所示；对于左舷大角度交叉船、追越船，应采取背着他船转向，使两船航向接近平行，如图 5-23 所示。

图 5-22　避让左舷小角度方向上的他船

（3）必须采取最有助于避碰的行动　最有助于避碰的行动通常是指尽可能抓住最后机会避免碰撞，或在碰撞不可避免的情况下能够尽量减少碰撞损失的行动,包括转向、停车、倒车、停船等措施。

直航船采取最有助于避碰的行动时机是两船接近到单凭一船的行动已不能避免碰撞时，紧迫危险正在形成。通常认为，以万吨级船舶为例，直航船

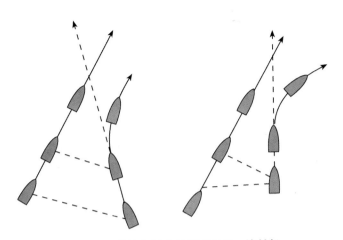

图 5-23　避让左舷大角度交叉船、追越船

采取最有助于避碰的行动的时机为两船相距 1n mile；根据船型大小，可适当判定采取最有助于避碰行动的两船距离。

　　从良好船艺的角度讲，在交叉相遇局面的某些态势下，两船即将发生碰撞时，其中一船用朝着对方转向，往往是在这种紧迫危险中最有效、最有助于避碰的行动，如图 5-24 所示。

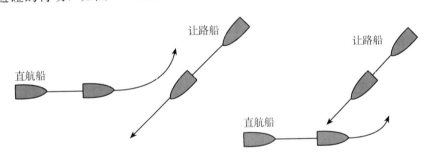

图 5-24　直航船采取最有效、最有助于避碰的行动

4. 让路船的义务

　　《规则》允许直航船独自采取操纵行动和应采取最有助于避碰的行动，完全是一种协调性和弥补性的行动。作为让路船，仍然担负有让路的义务，并不解除让路义务。

第六节　船舶之间的责任

　　本节要点：船舶之间的责任是指《规则》规定相遇两船在避碰中一船对

另一船所承担的责任，也就是两船之间的避让关系。本节主要介绍《规则》第十八条船舶之间的责任，包括各类船舶之间的避让责任。

一、条款内容

除第九条、第十条和第十三条另有规定外：

1. 机动船在航时应给下述船舶让路：

（1）失去控制的船舶；

（2）操纵能力受到限制的船舶；

（3）从事捕鱼的船舶；

（4）帆船。

2. 帆船在航时应给下述船舶让路：

（1）失去控制的船舶；

（2）操纵能力受到限制的船舶；

（3）从事捕鱼的船舶。

3. 从事捕鱼的船舶在航时，应尽可能给下述船舶让路：

（1）失去控制的船舶；

（2）操纵能力受到限制的船舶。

4.（1）除失去控制的船舶或操纵能力受到限制的船舶外，任何船舶，如当时环境许可，应避免妨碍显示第二十八条信号的限于吃水的船舶的安全通行。

（2）限于吃水的船舶应全面考虑其特殊条件，特别谨慎地驾驶。

5. 在水面的水上飞机，通常应宽裕地让清所有船舶并避免妨碍其航行。然而在有碰撞危险的情况下，则应遵守本章各条规定。

6.（1）地效船在起飞、降落和贴近水面飞行时应宽裕地让清所有其他船舶并避免妨碍他们的航行。

（2）在水面上操作的地效船应作为机动船遵守本章条款的规定。

二、条款解释

1. 本条款的适用条件

①互见中。

②符合《规则》第三条定义的规定。

③正确显示号灯、号型。

2. 船舶之间的责任

根据《规则》各条的规定，船舶之间的避让责任可以分为：

①一船不应妨碍另一船的通行或安全通行；

②一船应给另一船让路；

③两船负有同等的避让责任和义务。

3. 船舶之间责任条款与其他条款的关系

在《规则》各条款中，由于各条款的适用条件不同，确定船舶责任的原则不同，从优先考虑和优先适用的角度看，船舶之间避让责任的条款顺序如下：

①第十三条（追越）；

②第九条 2、3 款；第十条 9、10 款；第十八条 4 款（不应妨碍）；

③第十八条（不同类船舶之间的避让责任）；

④第十二条、第十四条、第十五条（同类船舶之间的避碰责任）。

4. 各类船舶之间的避让责任

（1）机动船　在航机动船应给失去控制的船舶、操纵能力受到限制的船舶、从事捕鱼的船舶、帆船让路，如图 5-25 所示。"机动船在航"包括机动船在航对水移动和机动船在航不对水移动两种状态。对于从事拖带作业的机动船，当驶离其航向的能力没有受到严重限制时，则适用本条款。

图 5-25　机动船在航时应给上述船舶让路

（2）帆船　在航帆船应给失去控制的船舶、操纵能力受到限制的船舶、从事捕鱼的船舶让路，如图 5-26 所示。帆船应根据自己的操纵特点，按《规则》对让路船提出的要求，尽可能及早地采取大幅度的行动，宽裕地让清他船。

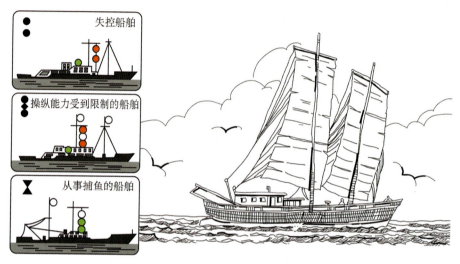

图 5-26　帆船在航时应给上述船舶让路

（3）从事捕鱼的船舶　在航从事捕鱼的船舶应尽可能给失去控制的船舶、操纵能力受到限制的船舶让路，如图 5-27 所示。考虑到从事捕鱼作业的特点以及所使用的渔具，某些从事捕鱼的船舶很难做到给失去控制的船舶和操纵能力受到限制的船舶让路。因此，本款规定使用了"尽可能"，失去

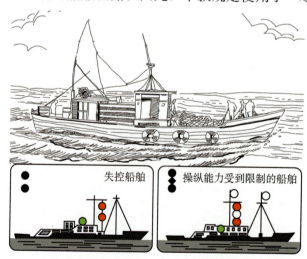

图 5-27　从事捕鱼的船舶在航时，应尽可能给失控船、操限船让路

控制的船舶和操纵能力受到限制的船舶应予以充分注意。

（4）水上飞机　在水面上的水上飞机，通常应宽裕地让清所有船舶，并不得妨碍其航行。但在有碰撞危险时，则应遵守"驾驶与航行规则"的有关规定。

（5）地效船　地效船在水面起飞、降落或飞行时应宽裕地让清所有其他船舶，并不得妨碍其航行。当地效船在水面上操纵时属于机动船范畴，其承担的责任和义务与《规则》中所提及的机动船一致。

三、案例分析

1. 事件经过

集装箱船 A 从韩国釜山驶往中国香港，某日凌晨，该船行驶在浙江沿海水域，航向 228°，航速 15kn，驾驶台由二副和一名操舵水手值班。约 0200 时，二副发现前方渔船较多，又打开一台雷达，通知机舱备车；0232 时，二副在 3n mile 量程的雷达上第一次发现渔船 B，距离 2.6n mile，方位右舷约 12°。当渔船 B 位于船 A 右前方约 1n mile 处，船 A 航向从 228°转至 225°。当时操舵水手发现渔船红灯时，操舵水手认为渔船 B 要抢越船头，并告诉二副，立即下令右舵 20°，紧接着右满舵。在转向过程中与渔船 B 发生碰撞。渔船 B 是一艘对拖渔船，当时正在进行对拖作业，航向在 190°～200°，航速 4kn。

2. 原因分析

集装箱船 A，作为让路船的过失：

①瞭望严重疏忽；

②未使用安全航速；

③未采取有效的避让行动，该船作为让路船没有积极地、及早地采取大幅度的让路行动，在两船形成紧迫危险的情况下，也未能运用良好的船艺采取正确的避让措施。

渔船 B 的过失：

①未能给让路船以警告；

②未能采取做有助于避碰的行动；

③瞭望疏忽。

思考题

1. 机动船在避让帆船时应遵循哪些原则？

2. 如何判断两船构成追越？

3. 什么情况下容易出现对是否构成追越难以确定的局面？应如何处理？

4. 在追越中，追越船和被追越船各应注意哪些问题？

5. 如何判断两船构成对遇局面？

6. 在判断对遇局面时，可能产生怀疑的情况及处理规定有哪些？

7. 对遇局面中的船舶应如何避让？

8. 如何判断两船构成交叉相遇局面？

9. 交叉相遇局面中船舶应如何避让？

10. 直航船应遵循哪些行动规则？

11. 让路船的含义是什么？如何采取避让行动？

12. 在航机动船、在航帆船、在航从事捕鱼船与其他船舶之间的避让关系是什么？

第六章　船舶在能见度不良时的行动规则

本章要点： 船舶在能见度不良的水域或其附近航行时，不易及早发现和正确地识别来船，船舶采取的避碰行动也不能被他船用视觉发现。本章主要介绍《规则》第十九条船舶在能见度不良时的行动规则，包括船舶在能见度不良时的行动规则、避让责任与戒备以及船舶的避碰行动。

一、条款内容

1. 本条适用于在能见度不良的水域中或在其附近航行时不在互见中的船舶。

2. 每一船应以适合当时能见度不良的环境和情况的安全航速行驶，机动船应将机器作好随时操纵的准备。

3. 在遵守本章第一节各条时，每一船应充分考虑到当时能见度不良的环境和情况。

4. 一船仅凭雷达测到他船时，应判定是否正在形成紧迫局面和（或）存在着碰撞危险。若是如此，应及早地采取避让行动，如果这种行动包括转向，则应尽可能避免如下各点：

（1）除对被追越船外，对正横前的船舶采取向左转向；

（2）对正横或正横后的船舶采取朝着它转向。

5. 除已断定不存在碰撞危险外，每一船当听到他船的雾号显似在本船正横以前，或者与正横以前的他船不能避免紧迫局面时，应将航速减到能维持其航向的最小速度。必要时，应把船完全停住，而且，无论如何，应极其谨慎地驾驶，直到碰撞危险过去为止。

二、条款解释

1. 适用范围

《规则》明确规定了本条的适用范围，包括适用的能见度、适用的水域、适用的船舶和适用的条件。

（1）适用的能见度 《规则》没有对"能见度不良"作出明确的定量规定。通常认为，当能见度下降到 5n mile 时，认定为能见度不良，航海界、司法界历来存在不同的认识。

（2）适用的水域 本条适用于能见度不良的水域中或在其附近。当船舶在能见度不良的水域内航行或在能见度不良的水域附近航行时，应自觉遵守本条的规定。

（3）适用的船舶 本条规定适用于在上述水域航行的任何船舶，而不适用于锚泊船和搁浅船。

（4）适用的条件 本条适用于不在互见中的船舶。

2. 能见度不良时的行动规则

①使用安全航速、并将机器做好随时操纵的准备。

②开启雷达并进行雷达标绘或与其相当的系统观察。

③判断碰撞危险。

④开启航行灯。

⑤开启 VHF 甚高频无线电话。

⑥鸣放雾号。

⑦通知船长，并由船长亲自指挥。

⑧改变自动舵为手操舵。

⑨增加瞭头。

⑩勤测船位。

3. 能见度不良时的避让责任与戒备

当船舶在能见度不良的水域中或在其附近航行不在互见中相遇并致有碰撞危险时，不论两船构成"几何"态势如何，两船均负有同等的避让责任与义务，每一船舶都应果断地采取避让措施。

在能见度不良的水域中，船舶应格外重视应用雷达与 VHF 进行瞭望。为保证有充分的时间估计当时的局面，有更大的余地及早地采取避让行动，船舶应在 10～12n mile 距离以前发现来船，坚持雷达标绘或进行与其相当的系统观察，在两船相距 8n mile 之前尽可能完成局面估计和碰撞危险的判断。通常认为，在正横以前的任何方向上，当两船接近到 4n mile 之内，并且不能保证在安全的距离驶过，则认为紧迫局面正在形成；大型船舶接近到 2～3n mile、小型船舶接近到 2n mile 左右，并且仅凭一船采取行动已难以保证在安全的距离上驶过，则认为已构成紧迫局面。

4. 能见度不良时的避碰行动

（1）仅凭雷达测到他船时的行动 一船仅凭雷达测到他船时，首先应判定是否正在形成紧迫局面和（或）存在碰撞危险。若存在这种局面和危险的话，应及早采取避让行动。

①避让正横前来船。除被追越船外，在避让正横前来船时，应避免向左转向。因而，无论来船在本船左正横以前（图 6-1）还是在右正横以前（图 6-2），本船均应向右转向避让。

②避让正横或正横后来船。对于正横或正横后的船舶应避免朝着它转向。因而，对于左正横或左正横后的来船应向右转向（图 6-3）；对于右正横或右正横后的来船应向左转向（图 6-4）。

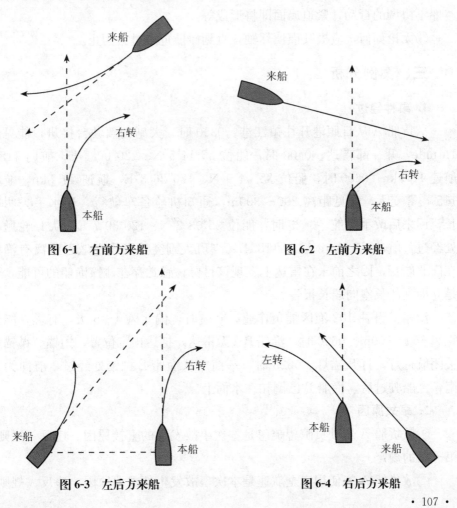

图 6-1 右前方来船   图 6-2 左前方来船

图 6-3 左后方来船   图 6-4 右后方来船

（2）听到雾号显示在正横以前时的行动　除已断定不存在碰撞危险外，每一船舶当听到他船的雾号显示在本船正横以前，或者与正横以前的他船不能避免紧迫局面时，船舶采取的行动为：

①将航速减到能维持其航向的最小速度。实践证明，在上述提及的情况下，盲目转向往往会使局面更加恶化。但采取将航速减到能维护其航向的最小速度的行动，则有利于对局面的判断和采取进一步避让行动。

②必要时，应把船完全停住。所谓的"必要时"通常是指：无雷达的船舶听到他船的雾号显示在前方、看到他船的轮廓但不明其航向、听到帆船的雾号显示在本船正横以前、顺潮流听到正前方有锚泊船的雾号等；有雷达的船舶已经断定与正横以前的他船构成紧迫局面、在雷达上发现一船以高速行驶的船舶向本船逼近，但不明其从本船哪一舷驶过，或发现来船正在采取与本船不协调的行动，紧迫局面即将形成等。

③无论如何，应极其谨慎驾驶，直到碰撞危险过去为止。

三、案例分析

1. 事件经过

散货船 A 从日照港开往镇江港。0350 时，大副到驾驶台接班，能见度 1n mile，开一部雷达；0400 时，船位 35°14′5″N、120°00′3″E，航向 115°，航速 11.9kn；0600 时，船位 35°04′9″N、120°26′3″E，航速 11.5kn，航向 115°，雾变大。能见距离 200~300m，通知机舱备车航行。让水手去叫船长，回来后改手操舵。0623 时，船位 35°03′2″N、120°30′7″E，从 L 轮抛锚处经过，航速 11.1kn，航向 118.4°。当班大副突然发现左舷近距离有渔船在向北航行，因之前未在雷达上发现该目标，感觉存在碰撞渔船的可能，于是立即到船长室向船长报告。

渔船 B 开往 102 渔区捕鱼作业。开航时，偏北风 4~5 级，有雾，能见距离 500~600m。0600 时，渔船 B（无雷达）抵达预定位置，抛锚。抛锚后关闭航行灯，打开锚灯。0623 时，一商船从渔船 B 抛锚处经过，航向为东南，大船驶过后，渔船 B 已倒扣在水面上。

2. 事故原因

①散货船 A 驾驶员瞭望疏忽是本次事故发生的直接原因。违反《规则》第五条的规定。

②散货船 A 未使用安全航速是本次事故发生的重要原因。违反《规则》

第六条、第八条和第十九条的规定。

③渔船 B 在能见度不良的通航水域锚泊，没有雷达设备，瞭望和戒备上存在疏忽，是本次事故发生的原因之一。违反《规则》第六条、第八条和第十九条的规定。

思考题

1. 船舶在能见度不良时应采取哪些行动规则？

2. 船舶在能见度不良水域或其附近航行应如何戒备？

3. 简述船舶在能见度不良时采取转向避让应当注意哪些问题？

4. 在能见度不良水域或其附近航行，船舶在哪些情况下应当将航速降低至能维持其航向的最小速度？在哪些情况下应当把船完全停住？

5. 船舶在能见度不良的水域中航行，一旦发现与他船构成碰撞危险时，应遵循哪些避让原则？

第七章　疏忽与背离

本章要点：遵守《规则》条款存在疏忽是导致海上船舶碰撞事故发生的主要原因，为避免紧迫危险而背离规则也是必要的。本章主要介绍《规则》第二条责任，包括三种疏忽以及在某些危险和特殊情况下需要背离《规则》条款的时机与条件，避免紧迫危险。

一、条款内容

1. 本规则条款并不免除任何船舶或其所有人，船长或船员由于遵守本规则条款的任何疏忽，或者按海员通常做法或当时特殊情况可能要求的任何戒备上的疏忽而产生的各种后果的责任。（本款通常称为疏忽条款）

2. 在解释和遵行本规则条款时，应充分考虑一切航行和碰撞的危险，以及包括当事船舶条件限制在内的任何特殊情况，这些危险和特殊情况可能需要背离规则条款以避免紧迫危险。（本款通常称为背离条款）

二、条款解释

1. 责任条款适用的对象

适用对象为船舶所有人、船长、船员。

船舶发生碰撞事故，大多是由于船长或船员在管理船舶和驾驶船舶的过程中的疏忽或过失所致，根据"责任"条款，有关方有权追究当事船舶或当事人及其船舶所有人由于该碰撞而产生的各种后果的责任。

2. 三种疏忽

（1）遵守《规则》条款的任何疏忽　遵守《规则》条款的疏忽是导致海上船舶碰撞事故发生的主要原因。"遵守本《规则》条款的任何疏忽"是指未采取或采取不当《规则》明确要求的行动，或采取了明确禁止的行动，包括应当背离《规则》的情况下不背离《规则》。对遵守本《规则》条款的疏忽既包括主观上的疏忽，如工作责任心不强、麻痹大意，执行规则不认真、不严格；也包括客观上的疏忽，如缺乏航海经验、对条款理解错误或片面理解而导致在避让行动中执行不好等。具体有：

①未保持正规瞭望，如在夜间航行时，未保持夜视眼，从而未及时发现来船；雾航中，仅保持雷达观测，而放弃视觉瞭望。

②未使用安全航速；如船舶在进出港、狭水道、能见度不良水域高速航行。

③未按《规则》的规定显示号灯、号型。

④违反《规则》要求的航行规则，如在狭水道航行，没有靠右航行；在分道水域没有沿着相应的通航分道航行等。

⑤未采取正确的避让行动，如在采取避让行动时，对航向做了一连串的小变动；直航船一经发觉规定的让路船显然没有遵照《规则》采取适当的行动时仍保速保向消极等待的做法等。

⑥对雷达未能正确使用。

⑦没有认真遵守互见中以及能见度不良时的行动规则等。

（2）海员通常做法所要求的任何戒备上的疏忽　"海员通常做法"是指海员在长期的驾驶和管理船舶的实践中形成的一种习惯的、经常性的，并被航海实践证明对确保航行安全、避免碰撞是行之有效的、为广大海员所接受并广泛采用的做法。例如：

①根据通航密度、水域特点、能见度、本船特点等，选派足够和合适的船员担任瞭望和操舵人员。

②船速应根据通航密度、能见度、本船和水域特点及附近船舶的大小和作业情况等适当降低。

③在通航密度大的水域、狭水道、进出港或风浪较大及时备车并采用手操舵。

④避让时及时采用手操舵。

⑤在狭水道对顺水船和调头船，为了及早做到宽让，必要时采用停车或把本船停住并在航道右侧等候。

⑥大船在浅狭水道航行，应及时减速，注意浅水效应和岸吸、船吸影响。

⑦与来船进行会让时应避免与对方同时发放声号。

⑧锚的使用与投放能根据水域特点与当时情况正确地使用。

⑨值班能坚守岗位，交接班时如正在避让来船，不进行交接班。

⑩在航船舶避让锚泊、搁浅或系岸的船舶。

"对海员通常做法可能要求的任何戒备上的疏忽"是指采取了与实际上通常的做法相违背的行动（或未采取通常的做法），但该"通常做法"在《规则》中未明文要求。船长和船员对此可能产生疏忽的情况主要有：

①夜间在没有适应夜视和不了解周围环境及情况下进行交接班。

②不熟悉本船的操纵性能及本船的条件限制而盲目地动车和用舵。

③没有充分地注意到可能出现的浅水效应、船间效应、岸壁效应。

④在应使用手操舵时，仍用自动舵航行或避让。

⑤在狭水道或其他复杂水域中航行时没有备车、备锚和增派瞭头人员。

⑥在不适当的水域锚泊，或抛锚方法不当，以及在锚泊中，对本船及他船可能走锚缺乏戒备。

⑦对车、舵令不复诵，不核对。

⑧在高纬度海区航行，对发现冰山缺乏戒备。

⑨在不应追越的水域、地段或情况下盲目追越。

⑩不了解地方特殊规定以及所处水域船舶间的避让习惯等。

（3）特殊情况所要求的任何戒备上的疏忽　特殊情况即异乎寻常的情况。构成特殊情况的原因主要包括船舶条件的突变、自然条件的突变、交通条件的突变、他船所采取行动的突变及出现《规则》条款没有提及的情况和格局等。对特殊情况所要求的任何戒备上的疏忽，包括但不限于以下各种情况：

①驾驶员对另一船为避免紧迫危险而背离《规则》的行动缺乏思想准备。

②对突遇雾、暴风雨等缺乏戒备。

③对主机、舵机、操舵系统等突然故障缺乏戒备。

④对为避让一船而与另一船构成紧迫局面缺乏戒备。

⑤对多船同时构成碰撞危险或者紧迫局面的情况缺乏戒备。

⑥对他船意外采取行动，使得两船陷入紧迫危险的情况缺乏戒备。

⑦未估计到在夜间邻近处会突然出现不点灯的小船或突然显示灯光的小船。

⑧未估计到在雾中雷达上在邻近处突然出现小船或木船的回波。

⑨未估计到在雾中雷达上一直没有发现他船回波的情况下会听到他船的雾号声显示在本船的正横前。

3. 背离

（1）背离《规则》的时机　背离《规则》采取行动是一种非常严肃的法

律行为，它仅适用于遵守《规则》已经无法避免碰撞危险的特殊情况以及已面临紧迫危险的局面。我国航海界普遍认为，"紧迫局面"是指当两船接近到单凭一船的行动已不能导致在安全距离上驶过的局面；同时认为"紧迫危险"是指当两船接近到单凭一船的行动已不能避免碰撞的局面。

根据背离条款的规定，可能需要背离《规则》的情况包括三种：存在航行危险；碰撞危险；特殊情况，这种特殊情况包括当事船舶的条件限制在内。

碰撞的过程是：致有构成碰撞危险→存在碰撞危险→紧迫局面→紧迫危险→碰撞。

（2）背离《规则》的条件和目的　背离《规则》是有严格条件限制的，并不是任何存在航行危险、碰撞危险的情况或者任何特殊情况下均可以背离《规则》。背离《规则》必须满足以下条件：

①危险是客观存在的，而不是主观臆断的。

②危险是紧迫的，并且几乎可以肯定遵守《规则》会造成一船或者两船的危险，而背离《规则》就有可能避免这种危险。

③背离《规则》是必须的、合理的，即当时的客观事实表明遵守《规则》不能避免碰撞和航行的危险，而背离《规则》可能避免碰撞和航行的危险，所以，只有当时的危险局面不允许船舶继续遵守《规则》时，才可以背离《规则》。只要还存在机会遵守《规则》，就不应当背离《规则》。

背离《规则》的目的是避免紧迫危险。"方便"不能成为背离规则的借口，"协议背离规则"的做法应当禁止。

（3）可以背离的条款　背离《规则》并不是指《规则》所有条款的规定都可以背离，而仅是指背离《规则》所适用的某些或某一条款的具体规定；在背离某些或某一条款的具体规定时，对其他条款的规定仍必须严格遵守。一般来说，保持正规的瞭望，以安全航速行驶，判断碰撞危险，显示号灯号型和鸣放碰撞声号等条款，在任何情况下都不允许背离；允许背离的条款主要是《规则》第二章第二节和第三节对当事船舶具体避碰行为作出具体规定的条款。

（4）背离《规则》时应注意的问题

①严格把握时机，不可随意背离《规则》。

②注意《规则》的严肃性，区分可背离与不可背离的条件。

③应用一切有效的手段及信号表明本船所采取的一切背离《规则》的

行动。

　　④注意运用良好的船艺以避免碰撞。

　　⑤碰撞不可避免的情况下，尽最大努力以减小碰撞的损失。

思考题

　　1. 哪些做法通常被认为海员通常做法？

　　2. 《规则》不免除由于哪三个方面的疏忽而产生后果的责任？

　　3. 背离《规则》的目的及条件是什么？

　　4. 背离《规则》时应注意哪些问题？

第八章 渔船作业避让规定

本章要点：《渔船作业避让规定》是我国自行制定的有关渔船海上作业的专门规章。本章主要介绍该规定的适用范围、制定原则、疏忽与背离条款及一般定义。

第一节 概 述

《渔船作业避让规定》（以下简称《规定》）是一部有关渔船海上作业的专门规章，于 1983 年颁布，1984 年 10 月 1 日起实施，2007 年 11 月 8 日根据《农业部现行规章清理结果》修正（中华人民共和国农业部令第 6 号）。由于《规则》没有对各种作业渔船间的相互避让关系和避让方法作出明确规定，该《规定》的实施，对保障海上作业安全，维护渔场作业秩序，减少航行和渔捞事故，妥善处理渔船间的海事纠纷和渔具拖损事故起到积极的作用。

一、《规定》的适用范围

《规定》第一条规定："适用于我国正在从事海上捕捞的船舶。"

二、《规定》的制定原则

①不违背《规则》。
②不妨碍有关主管机关制定的渔业法规的实行。

三、《规定》的疏忽与背离

1. 疏忽

渔船在海上作业发生碰撞或渔具拖损事故，大多是由于船长或船员在生产作业中的疏忽或过失造成的，根据《规定》第五条规定，有关方有权追究当事船长、船员、船舶所属单位由于该碰撞而产生的各种后果的责任。渔船在海上作业中的疏忽包括但不限于下列方面：

①未按《规定》的规定显示号灯、号型。

②对当时渔场情况戒备上的疏忽。

③未按《规定》的规定采取避让行动。

④避让时未遵守《规定》的规定的安全距离。

2. 背离

背离《规定》是有条件限制的，并不是任何存在危险的情况下均可以背离《规定》。《规定》第四条规定："在解释和遵行本条例各条规定时，应适当考虑到当时渔场的特殊情况或其他原因，为避免发生网具纠缠、拖损或船舶发生碰撞的危险，而采取与《规定》各条规定相背离的措施。"

四、一般定义

《规定》对 8 个名词术语进行了解释，该解释对整个《规定》普遍适用。

①"渔船"一词是指正在使用拖网、围网、灯诱、流刺网、延绳钓渔具和定置渔具进行捕捞作业的船舶（但不包括曳绳钓和手钓渔具捕鱼的船舶）。

②"船组"一词是指由一艘围网渔船，一艘或一艘以上灯光船组成的一个生产单位。

③"网档"一词是指两艘拖网渔船在平行同向拖曳同一渔具过程中，船舶之间的横距。

④"带围船"一词是指拖带围网渔船的船舶。

⑤"从事定置渔具捕捞的船舶"是指在锚泊中设置渔具或正在起放定置渔具或系泊在定置渔具上等候潮水起网的船舶。

⑥"漂流渔船"一词是指系带渔具随风流漂移而从事捕捞作业的船舶（包括流刺网、延绳钓渔船，但不包括手钓、曳绳钓渔船）。

⑦"围网渔船"一词是指正在起、放围网或施放水下灯具或灯光诱集鱼群的船舶。

⑧"拖网渔船"一词是指一艘或一艘以上从事拖网或正在起放拖网作业的船舶。

第二节　互见中渔船之间的避让责任和行动

本节要点：本节主要介绍互见中拖网渔船、围网渔船和漂流渔船之间的避让关系和避让行动及采取避让行动时应注意的事项。

一、渔船之间的避让责任和行动

1. 拖网渔船

拖网渔船应给下列渔船让路：

①从事定置渔具捕捞的渔船；

②漂流渔船；

③围网渔船。

2. 围网渔船

①围网渔船应避让从事定置渔具捕捞的渔船。

②围网渔船在放网时，应不妨碍漂流渔船或拖网渔船的正常作业。

3. 漂流渔船

①漂流渔船应避让从事定置渔具捕捞的渔船。

②漂流渔船在放出渔具时，应尽可能离开当时拖网渔船集中作业的渔场。

4. 从事定置渔具作业的渔船

从事定置渔具作业的渔船在放置渔具时，应不妨碍其他从事捕捞船舶的正常作业。

5. 其他规定

①各类渔船在放网过程中，后放网的船应避让先放网的船，并不得妨碍其正常作业。

②正常作业的渔船，应避让作业中发生故障的渔船。

③任何船舶在经过起网中的围网渔船附近时，严禁触及网具或从起网船与带围船之间通过。

二、拖网渔船之间的避让责任和行动

1. 放网中的拖网渔船

《规定》第二十八条规定："放网中渔船，应给拖网中或起网中的渔船让路。"

2. 起网中的拖网渔船

①准备起网的渔船，应在起网前 10min 显示起网信号，夜间应同时开亮甲板工作灯，以引起周围船舶的注意。

②同时起网船，应给正在从事卡包（分吊）起鱼的渔船让路。

3. 拖网中的拖网渔船

①拖网中渔船，应给起网中渔船让路。

②拖网中渔船当采取大角度转向时，不得妨碍附近渔船的正常作业。

③多艘单拖网渔船在同向并列拖网中，两船间应保持一定的安全距离。

4. 追越中的拖网渔船

追越渔船应给被追越渔船让路，并不得抢占被追越渔船网档的正前方而妨碍其作业。

5. 对遇中的拖网渔船

多对渔船在相对拖网作业相遇时，如一方或双方两侧都有同向平行拖网中的渔船，转向避让确有困难，双方应及时缩小网档或采取其他有效的措施，谨慎地从对方网档的外侧通过，直到双方的网具让清为止。

对遇中的双拖网渔船，通常各自向右转向的局面，如图 8-1（a）所示；各自向左转向的局面，如图 8-1（b）所示。

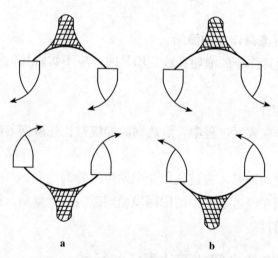

a   b

图 8-1　对遇中的双拖网渔船避让

6. 交叉相遇中的拖网渔船

①应给本船右舷的另一方船让路。

②当让路船不能按规定让路时，应预先用声号联系，以取得协调一致的避让行动。

③如被让路船是对拖网船，被让路船应适当考虑到让路船的困难，尽量作到协同避让，必要时尽可能缩小网档，加速通过让路船网档的前方海区。

7. 其他规定

①机动拖网渔船应给非机动拖网渔船让路。

②不得在拖网渔船的网档正前方放网、抛锚或有其他妨碍该渔船正常作业的行动。

三、围网渔船之间的避让责任和行动

1. 起网中的围网渔船

①底纲已绞起的船应尽可能避让底纲未绞起的船。

②同是底纲已绞起的船，有带围的船应避让无带围的船。

③起（捞）鱼的船应避让正在绞（吊）网的船。

2. 灯光诱鱼的围网渔船

①船组在灯诱鱼群时，后下灯的船组与先下灯的船组间的距离应不少于1 000m。

②船组在灯诱时，"拖灯诱鱼"的船应避让"漂灯诱鱼"和"锚泊灯诱"的船。

3. 其他规定

①围网渔船不得抢围他船用鱼群指示标（灯）所指示的、并准备围捕的鱼群。

②在追捕同一的起水鱼群时，只要有一船已开始放网，他船不得有妨碍该放网船正常作业的行动。

四、漂流渔船之间的避让责任和行动

①漂流渔船在放出渔具时应与同类船保持一定的安全距离，并尽可能做到同向作业。

②当双方的渔具有可能发生纠缠时，各应主动起网，或采取其他有效措施，互相避开。

五、采取避让行动时应注意的事项

（1）避让行动　《规定》中所指的避让行动，包括避让船舶及其渔具。

（2）安全距离　《规定》第十三条规定："各类渔船在起、放渔具过程中，应保持一定的安全距离"；第十四条规定："在按《规定》采取避让措施时，应与被让路渔船及其渔具保持一定的安全距离"；第十七条规定："让路船舶应距光诱渔船 500m 以外通过，并不得在该距离之内锚泊或其他有碍于该船光诱效果的行动"。对于"安全距离"没有明确的定量规定，在决定安全距离时，应充分考虑到下列因素：

①船舶的操纵性能；

②渔具尺度及其作业状况；

③渔场的风、流、水深、障碍物及能见度等情况；

④周围船舶的动态及其密集程度。

第三节　渔船在能见度不良时的行动规则

本节要点：本节主要介绍能见度不良时作业渔船应遵守的行动规则。

拖网渔船、漂流渔船和围网渔船在能见度不良时一般不停止海上生产作业，《规则》对船舶能见度不良时的行动规则做了明确规定，而《规定》针对作业渔船在能见度不良时的行动规则做出了进一步规定。

一、各类渔船在能见度不良时的行动规则

①各类渔船在放网前应充分掌握周围船舶的动态，并结合气象与海况谨慎操作。

②及时启用雷达，判断有无存在使本方或他方的船舶和渔具遭受损坏的危险，并采取合理的避让措施。

③各类渔船除显示规定的号灯外，还可以开亮工作灯或探照灯。

二、拖网渔船在能见度不良时的行动规则

①拖网渔船在放网时，应采取安全航速。

②拖网渔船在拖网中，应适当地缩小网档。

③拖网渔船在拖网中发现与他船网档互相穿插时，应立即停车，同时发出声号一短一长二短声（·—··），通知对方立即停车，并采取有效措施，直到双方互不影响拖网作业时为止。

第四节　渔船的号灯、号型和灯光信号

本节要点：本节主要介绍围网渔船、漂流渔船和运输船在不同情形下应

显示的号灯、号型及灯光信号。

一、显示在航船号灯的船舶

①未拖带灯船的围网船在航测鱼群时。

②对拖渔船中等待他船起网的另一艘船。

③其他脱离渔具的漂流中的船舶。

二、围网渔船的号灯、号型和灯光信号

1. 围网渔船在夜间放网时

①网圈上应显示五只以上间距相等的白色闪光灯。

②如不能按①款规定显示信号时，应采取一切可能措施，使网圈上有灯光或至少能表明该网圈的存在。

2. 围网渔船在拖带和放网时

①围网渔船在拖带灯船或舢板进行探测、搜索或追捕鱼群的过程中，应显示拖带船的号灯、号型。

②当开始放网时，应显示捕鱼作业中所规定的号灯和号型。

3. 灯诱中的围网渔船

灯诱中的围网渔船应按《规则》显示捕鱼作业中的号灯。

4. 船组

船组在起网过程中，当带围船拖带起网船时，应显示从事围网作业渔船的号灯、号型，当有他船临近时，可向拖缆方向照射探照灯。

三、漂流渔船的号灯、号型和灯光信号

漂流渔船除显示《规则》有关号灯、号型外，还应在渔具上显示下列信号：

①日间：每隔不大于 500m 的间距，显示顶端有红色三角旗的标志一面；其远离船的一端，应垂直显示红色三角旗两面。

②夜间：每隔不大于 1 000m 的间距，显示白色灯一盏，在远离船的一端显示红色灯一盏。上述灯光的视距应不少于 0.5n mile。

四、运输船的号灯、号型

①运输船在停靠在围网渔船网圈旁或在围网渔船旁直接从网中起（捞）

鱼时，应显示围网渔船的号灯、号型。

②运输船靠在拖网中的渔船时，应按《规则》显示"操纵能力受到限制的船舶"的号灯、号型。

 思考题

    1.《规定》的适用范围和制定原则是什么？

    2.《规定》中所涉及的"渔船"定义是什么？

    3. 渔船之间的避让责任是如何规定的？

    4. 拖网渔船在作业过程中的相互避让责任有哪些？

    5. 围网渔船和漂流渔船应显示的号灯、号型和灯光信号有哪些？

    6. 渔船间采取避让行动应注意的问题有哪些？

第九章　渔船航行值班

第一节　航行值班

本节要点： 参照《渔业船舶航行值班准则（试行）》和《1995年国际渔船船员培训、发证和值班标准公约》，并结合渔船的实际情况，本节主要介绍渔船航行值班的总体要求，航行值班守则及渔船驾驶台交接班的有关要求。

一、渔船航行值班的总体要求

①渔船所有值班人员都必须根据国家有关规定进行培训、考试、持有相应的证书，参加值班的船员必须是符合主管机关规定的合格船员，每个船员都必须明确自己的职责。

②必须保证足够的值班人员。

③船长应根据实际情况编制航行值班规则，张贴在值班处所，并确保所有值班人员严格遵守。

④值班人员应在驾驶台保持值班，应对船舶的安全航行负责，即使船长在驾驶台，在船长未声明自己指挥驾驶前，值班人员不得理解为已被船长接替而放弃履行自己的职责，更不得随意离开驾驶台。在任何时候，驾驶台不得无人值守。

⑤值班人员必须严格遵守《国际海上避碰规则》《中华人民共和国海上交通安全法》等国际、国内有关法律、法规、规章和当地港口港章的有关规定。

⑥船长和值班人员应保证任何时候都应保持正规的瞭望，保持安全航速航行。并应采取一切可能的预防措施，防止污染海洋环境。

正规瞭望应包括但不限于下列内容：

a. 利用视觉、听觉和其他一切有效手段，持续地保持警惕状态，细心观察周围情况、海面漂浮物、周围环境、包括附近陆标和船舶动态等。

b. 密切观测周围船舶相对方位的变化和动态。

c. 正确辨别各种船舶灯光信号，核实浮标编号、灯标性质与岸灯等。

d. 观察天气变化、风情、波浪，特别是能见度的变化等。

e. 及时观察雷达，正确利用雷达进行导航、避让。

f. 正确使用海图，了解周围海面是否有危及航行安全的危险存在。

⑦值班职务船员必须充分掌握本船的操纵特性，完全熟悉所装备的电子助航仪器的使用方法，包括其性能及局限性。在值班期间，应最有效地使用船上一切可用的助航仪器，以足够频繁时间间隔对所驶的航向、船位和航速进行核对，以确保本船沿着计划航线行驶。

⑧使用雷达时，应选择合适的量程，并注意量程的转换，以便能及早地发现假回波和局限性，仔细观察显示器，有效地作雷达运动图。天气良好时，只要有可能，应进行雷达方面的操练。

⑨遇下列情况值班人员应立即报告船长：

a. 遇到或预料能见度不良时。

b. 对通航条件或他船的动态产生疑虑时。

c. 对保持航向感到困难时。

d. 在预计的时间未能看到陆地、航标或测不到水深时，或意外地看到陆地、航标或水深突然发生变化时。

e. 主机、舵机或者任何主要的航行设备发生故障时。

f. 无线电设备发生故障时。

g. 在恶劣天气中，怀疑可能有气象危害时。

h. 发现遇难人员或船只以及他船求救时。

i. 遇到危及航行的任何情况，诸如冰或漂流船时。

j. 对船长指定的位置或时间以及其他紧急情况感到疑虑时。

尽管在上述情况中要求立即报告船长，但当情况需要时，值班人员为了船舶的安全，应毫不犹豫地采取果断行动。

⑩所有值班人员上岗前必须经过充分的休息，不能因疲劳而影响航行安全。值班人员不得饮酒，不得安排正在值班人员从事与值班无关的事项。

⑪船长和值班人员应有良好的职业道德，遇有海难事故时，在不严重危及本船安全的情况下，应全力进行救助。

⑫引航员在船时的航行

a. 船舶由引航员引航时并不解除船长管理和驾驶船舶责任。船长和引航员应交换有关航行方法、当地情况和船舶性能等。船长和值班人员应与引航员密切配合，并保持对船位和船舶动态随时进行核对。船长对引航员的错误操作应及时指出，必要时及时纠正。

b. 船长在非危险航段暂离驾驶台时应告知引航员，并应指定职务船员负责。如值班职务船员对引航员的行动或意图有所怀疑，应要求引航员予以澄清，如仍有怀疑，应立即报告船长，并可在船长未到达之前采取必要的行动。

⑬值班人员还应了解由于特殊的作业环境可能产生的对航行值班人员的特别要求。

⑭值班职务船员必须按要求和实际情况，及时和如实的记录航海日志、渔捞日志等法定记录。

二、航行值班守则

①航行中驾驶台值班每班至少 2 人，由船长、船副轮值驾驶班。

②航行中驾驶台必须保持肃静，值班人员不得随便与他人谈笑或离开岗位。

③值班驾驶员必须严格履行职责，集中精力，谨慎驾驶，不做与值班无关的事。

④驾驶员下达舵令应清晰、准确，操舵人员听到舵令后要复诵并立即执行。

⑤值班人员不得随意更改航向和航速，需要更改时需征得船长同意，但在紧急情况下，值班驾驶员有权采取必要的安全措施，事后及时报告船长。

⑥航行时，禁止任何人用水桶在舷外打水，捞漂浮物。

⑦遇下列情况船长亲自到驾驶台驾驶：

a. 进出港和靠离码头。

b. 遇到雾、暴风雨等能见度不良的恶劣天气。

c. 航经狭水道、岛礁区、来往船只密集的区域。

d. 发生海事事故和海上救助。

三、渔船驾驶台交接班的有关要求

①接班人员应提前 10min 到驾驶台。

②值班人员交接班时，必须交清以下内容：

a. 船位、拖网与放网时间、航向、拖向、拖速、流速、风速、风、流压差等。

b. 各种助航、助渔仪器的使用情况。

c. 对拖网的主、副船或围网船和灯光船之间的动态，周围船舶的动态。

d. 在望或即将在望的岛屿、航标、水面障碍物及海图标注的附近暗礁、沉船、水中障碍物等情况。

e. 天气与海况变化。

f. 航标的识别，下一班可能遇到的危险及有关注意事项的建议。

g. 船长布置的且下一班应知道的事项，航行计划的变化和航海警告、通告等。

③值班人员如果有理由认为接班人员显然不能有效地履行其职责时，不应向接班人员交班，并立即向船长报告。接班者应确信本班人员完全能履行各自的职责。值班职务船员遇下列情况不得交班：

a. 正在采取避让措施时。

b. 正在进行起、放网作业时。

c. 接班人员不称职。

e. 没有找到转向目标或船位不清。

f. 接班人员没有完全理解交班内容时。

g. 接班人员在其视力未调节到适应光线条件以前。

④接班驾驶员在接班前，应对本船的推算船位或实际船位进行核实，并证实预定的航线、航向和航速的可靠性，还应注意在其值班预期可能会遇到的任何航行危险。

⑤接班人员在接班前巡视检查全船一周。

⑥在交接班过程中不免除交班人员的值班责任。

第二节　渔捞作业与停泊值班

本节要点：本节主要介绍渔捞作业值班要求、靠（系）泊值班要求、锚泊值班要求，值班人员应严格遵守，保障船舶安全。

一、渔捞作业值班要求

①拖网渔船作业时，应由船长、船副轮流值班，助理船副执行短程转移渔场时的值班；围网船作业，航测鱼群时，由船长、船副、助理船副轮流值班。不论何种作业方式，起放网时应由船长值班。

②渔船在进行捕捞作业时，值班职务船员除应考虑"渔船航行值班的总体要求"所规定的内容外，还应考虑下列因素，并正确地采取行动。

a. 船舶操纵性能，尤其是停船距离、航行和拖带渔具作业时的回转半径。

b. 甲板上船员的安全。

c. 因捕捞作业、渔获物装卸和积载，异常海况和天气状况等而产生的外力对船舶安全带来的不利影响；以及稳性和干舷的降低对渔船安全带来的不利影响。

d. 附近海上建筑物的安全区域、沉船和其他危及渔具的水下障碍物。

e. 在装载渔获物时，应注意在整个航行期间内都应留有充分的干舷、保持渔船稳定性和水密性，还应考虑燃料和备用品的消耗、可能遇到的异常天气状况和甲板连续结冰可能导致的危险。

二、靠（系）泊值班要求

①驾驶部和轮机部应各有一名职务船员留守，留守船员不少于船员总人数的 1/3。

②督促检查渔货、渔需物资的装卸工作。

③根据潮汐、气象的变化，随时调整缆绳。

④检查航修进度和治安、防火工作。

⑤值班人员有权拒绝无关人员登船。

⑥禁止留家属亲友在船上住宿。

三、锚泊值班要求

①锚泊值班由船副统一安排，并经船长同意。

②值班人员精力集中，不能睡觉或做其他事情。

③按规定显示号灯或号型。

④能见度不良时，按规定施放雾号。

⑤检查锚链方向及其受力情况，勤测船位，防止走锚，一旦发现走锚，立即报告船长。

　　⑥发现他船逼近时，除发出声响或灯光警告外，应立即报告船长。

　　⑦注意天气及潮汐变化，关注周边船舶动态。

　　⑧交班要提前 10min 叫班，交清船舶锚位等信息。

思考题

1. 船舶航行中对值班人员有哪些要求？

2. 航行交接班有哪些规定？

3. 渔捞作业值班时应注意哪些问题？

4. 靠泊时值班有哪些具体要求？

5. 渔船锚泊时应注意哪些事项？

附　　录

附录 1　1972 年国际海上避碰规则

第一章　总　　则

第一条　适用范围

1. 本规则条款适用于在公海和连接公海可供海船航行的一切水域中的一切船舶。

2. 本规则条款不妨碍有关主管机关为连接公海而可供海船航行的任何港外锚地、港口、江河、湖泊或内陆水道所制定的特殊规定的实施。这种特殊规定，应尽可能符合本规则条款。

3. 本规则条款不妨碍各国政府为军舰及护航下的船舶所制定的关于额外的队形灯、信号灯、号型或笛号，或者为结队从事捕鱼的渔船所制定的关于额外的队形灯、信号灯或号型的任何特殊规定的实施。这些额外的队形灯、信号灯、号型或笛号，应尽可能不致被误认为本规则其他条文所规定的任何号灯、号型或信号。

4. 为实施本规则，本组织可以采纳分道通航制。

5. 凡经有关政府确定，某种特殊构造或用途的船舶，如不能完全遵守本规则任何一条关于号灯或号型的数量、位置、能见距离或弧度以及声号设备的配置和特性的规定，则应遵守其政府在号灯或号型的数量、位置、能见距离或弧度以及声号设备的配置和特性方面为之另行确定的尽可能符合本规则所要求的规定。

第二条　责　　任

1. 本规则条款并不免除任何船舶或其所有人、船长或船员由于遵守本规则条款的任何疏忽，或者按海员通常做法或当时特殊情况所要求的任何戒备上的疏忽而产生的各种后果的责任。

2. 在解释和遵行本规则条款时，应充分考虑一切航行和碰撞的危险，以及包括当事船舶条件限制在内的任何特殊情况，这些危险和特殊情况可能需要背离本规则条款以避免紧迫危险。

第三条　一般定义

除条文另有解释外，在本规则中：

1. "船舶"一词，指用作或者能够用作水上运输工具的各类水上船筏，包括非排水船筏、地效船和水上飞机。

2. "机动船"一词，指用机器推进的任何船舶。

3. "帆船"一词，指任何驶帆的船舶，包括装有推进器但不在使用。

4. "从事捕鱼的船舶"一词，指使用网具、绳钓、拖网或其他使其操纵性能受到限制的渔具捕鱼的任何船舶，但不包括使用曳绳钓或其他并不使其操纵性能受到限制的渔具捕鱼的船舶。

5. "水上飞机"一词，包括为能在水面操纵而设计的任何航空器。

6. "失去控制的船舶"一词，指由于某种异常的情况，不能按本规则条款的要求进行操纵，因而不能给他船让路的船舶。

7. "操纵能力受到限制的船舶"一词，指由于工作性质，使其按本规则条款要求进行操纵的能力受到限制，因而不能给他船让路的船舶。"操纵能力受到限制的船舶"一词应包括，但不限于下列船舶：

（1）从事敷设、维修或起捞助航标志、海底电缆或管道的船舶。

（2）从事疏浚、测量或水下作业的船舶。

（3）在航中从事补给或转运人员、食品或货物的船舶。

（4）从事发放或回收航空器的船舶。

（5）从事清除水雷作业的船舶。

（6）从事拖带作业的船舶，而该项拖带作业使该拖船及其被拖带体驶离其航向的能力严重受到限制者。

8. "限于吃水的船舶"一词，指由于吃水与可航水域的可用水深和宽度的关系，致使其驶离航向的能力严重地受到限制的机动船。

9. "在航"一词，指船舶不在锚泊、系岸或搁浅。

10. 船舶的"长度"和"宽度"是指其总长度和最大宽度。

11. 只有当一船能自他船以视觉看到时，才应认为两船是在互见中。

12. "能见度不良"一词，指任何由于雾、霾、下雪、暴风雨、沙暴或任何其他类似原因而使能见度受到限制的情况。

13. "地效船"一词，系指多式船艇，其主要操作方式是利用表面效应贴近水面飞行。

第二章　驾驶和航行规则

第一节　船舶在任何能见度情况下的行动规则

第四条　适用范围
本节条款适用于任何能见度的情况。

第五条　瞭　望
每一船在任何时候都应使用视觉、听觉以及适合当时环境和情况的一切可用手段保持正规的瞭望，以便对局面和碰撞危险作出充分的估计。

第六条　安全航速
每一船在任何时候都应以安全航速行驶，以便能采取适当而有效的避碰行动，并能在适合当时环境和情况的距离以内把船停住。

在决定安全航速时，考虑的因素中应包括下列各点：

1. 对所有船舶：

（1）能见度情况；

（2）交通密度，包括渔船或者任何其他船舶的密集程度；

（3）船舶的操纵性能，特别是在当时情况下的冲程和旋回性能；

（4）夜间出现的背景亮光，诸如来自岸上的灯光或本船灯光的反向散射；

（5）风、浪和流的状况以及靠近航海危险物的情况；

（6）吃水与可用水深的关系。

2. 对备有可使用的雷达的船舶，还应考虑：

（1）雷达设备的特性、效率和局限性；

（2）所选用的雷达距离标尺带来的任何限制；

（3）海况、天气和其他干扰源对雷达探测的影响；

（4）在适当距离内，雷达对小船、浮冰和其他漂浮物有探测不到的可能性；

（5）雷达探测到的船舶数目、位置和动态；

（6）当用雷达测定附近船舶或其他物体的距离时，可能对能见度作出更确切的估计。

第七条　碰撞危险

1. 每一船都应使用适合当时环境和情况的一切可用手段断定是否存在碰撞危险，如有任何怀疑，则应认为存在这种危险。

2. 如装有雷达设备并可使用，则应正确予以使用，包括远距离扫描，以便获得碰撞危险的早期警报，并对探测到的物标进行雷达标绘或与其相当的系统观察。

3. 不应当根据不充分的信息，特别是不充分的雷达观测信息作出推断。

4. 在判断是否存在碰撞危险时，考虑的因素中应包括下列各点：

（1）如果来船的罗经方位没有明显的变化，则应认为存在这种危险；

（2）即使有明显的方位变化，有时也可能存在这种危险，特别是在驶近一艘很大的船或拖带船组时，或是在近距离驶近他船时。

第八条　避免碰撞的行动

1. 为避免碰撞所采取的任何行动必须遵循本章各条规定，如当时环境许可，应是积极的，应及早地进行和充分注意运用良好的船艺。

2. 为避免碰撞而作的航向和（或）航速的任何变动，如当时环境许可，应大得足以使他船用视觉或雷达观测时容易察觉到；应避免对航向和（或）航速作一连串的小变动。

3. 如有足够的水域，则单用转向可能是避免紧迫局面的最有效行动，只要这种行动是及时的、大幅度的，并且不致造成另一紧迫局面。

4. 为避免与他船碰撞而采取的行动，应能导致在安全的距离驶过。应细心查核避让行动的有效性，直到最后驶过让清他船为止。

5. 如需为避免碰撞或须留有更多时间来估计局面，船舶应当减速或者停止或倒转推进器把船停住。

6.（1）根据本规则任何规定，要求不得妨碍另一船通行或安全通行的船舶应根据当时环境的需要及早地采取行动以留出足够的水域供他船安全通行。

（2）如果在接近他船致有碰撞危险时，被要求不得妨碍另一船通行或安全通行的船舶并不解除这一责任，且当采取行动时，应充分考虑到本章各条可能要求的行动。

（3）当两船相互接近致有碰撞危险时，其通行不得被妨碍的船舶仍有完全遵守本章各条规定的责任。

第九条　狭水道

1. 沿狭水道或航道行驶的船舶，只要安全可行，应尽量靠近其右舷的该水道或航道的外缘行驶。

2. 帆船或者长度小于 20m 的船舶，不应妨碍只能在狭水道或航道以内安全航行的船舶通行。

3. 从事捕鱼的船舶，不应妨碍任何其他在狭水道或航道以内航行的船舶通行。

4. 船舶不应穿越狭水道或航道，如果这种穿越会妨碍只能在这种水道或航道以内安全航行的船舶通行。后者若对穿越船的意图有怀疑，可以使用第三十四条 4 款规定的声号。

5. （1）在狭水道或航道内，如只有在被追越船必须采取行动以允许安全通过才能追越时，则企图追越的船，应鸣放第三十四条 3 款（1）项所规定的相应声号，以表示其意图。被追越船如果同意，应鸣放第三十四条 3 款（2）项所规定的相应声号，并采取使之能安全通过的措施。如有怀疑，则可以鸣放第三十四条 4 款所规定的声号。

（2）本条并不解除追越船根据第十三条所负的义务。

6. 船舶在驶近可能有其他船舶被居间障碍物遮蔽的狭水道或航道的弯头或地段时，应特别机警和谨慎地驾驶，并鸣放第三十四条 5 款规定的相应声号。

7. 任何船舶，如当时环境许可，都应避免在狭水道内锚泊。

第十条　分道通航制

1. 本条适用于本组织所采纳的分道通航制，但并不解除任何船舶遵守任何其他各条规定的责任。

2. 使用分道通航制的船舶应：

（1）在相应的通航分道内顺着该分道的交通总流向行驶；

（2）尽可能让开通航分隔线或分隔带；

（3）通常在通航分道的端部驶进或驶出，但从分道的任何一侧驶进或驶出时，应与分道的交通总流向形成尽可能小的角度。

3. 船舶应尽可能避免穿越通航分道，但如不得不穿越时，应尽可能以与分道的交通总流向成直角的船首向穿越。

4. （1）当船舶可安全使用临近分道通航制区域中相应通航分道时，不应使用沿岸通航带。但长度小于 20m 的船舶、帆船和从事捕鱼的船舶可使用沿岸通航带。

（2）尽管有本条 4 款（1）项规定，当船舶抵离位于沿岸通航带中的港口、近岸设施或建筑物、引航站或任何其他地方或为避免紧迫危险时，可使用沿岸通航带。

5. 除穿越船或者驶进或驶出通航分道的船舶外，船舶通常不应进入分隔带或穿越分隔线，除非：

（1）在紧急情况下避免紧迫危险；

（2）在分隔带内从事捕鱼。

6. 船舶在分道通航制端部附近区域行驶时，应特别谨慎。

7. 船舶应尽可能避免在分道通航制内或其端部附近区域锚泊。

8. 不使用分道通航制的船舶，应尽可能远离该区域。

9. 从事捕鱼的船舶，不应妨碍按通航分道行驶的任何船舶的通行。

10. 帆船或长度小于 20m 的船舶，不应妨碍按通航分道行驶的机动船的安全通行。

11. 操纵能力受到限制的船舶，当在分道通航制区域内从事维护航行安全的作业时，在执行该作业所必需的限度内，可免受本条规定的约束。

12. 操纵能力受到限制的船舶，当在分道通航制区域内从事敷设、维修或起捞海底电缆时，在执行该作业所必需的限度内，可免受本条规定的约束。

第二节　船舶在互见中的行动规则

第十一条　适用范围
本节条款适用于互见中的船舶。

第十二条　帆　船

1. 两艘帆船相互驶近致有构成碰撞危险时，其中一船应按下列规定给他船让路：

（1）两船在不同舷受风时，左舷受风的船应给他船让路；

（2）两船在同舷受风时，上风船应给下风船让路；

（3）如左舷受风的船看到在上风的船而不能断定究竟该船是左舷受风还

是右舷受风，则应给该船让路。

2. 就本条规定而言，船舶的受风舷侧应认为是主帆被吹向的一舷的对面舷侧；对方帆船，则应认为是最大纵帆被吹向的一舷的对面舷侧。

第十三条　追　　越

1. 不论第二章第一节和第二节的各条规定如何，任何船舶在追越任何他船时，均应给被追越船让路。

2. 一船正从他船正横后大于22.5°的某一方向赶上他船时，即该船对其所追越的船所处位置，在夜间只能看见被追越船的尾灯而不能看见它的任一舷灯时，应认为是在追越中。

3. 当一船对其是否在追越他船有任何怀疑时，该船应假定是在追越，并应采取相应行动。

4. 随后两船间方位的任何改变，都不应把追越船作为本规则条款含义中所指的交叉相遇船，或者免除其让开被追越船的责任，直到最后驶过让清为止。

第十四条　对遇局面

1. 当两艘机动船在相反的或接近相反的航向上相遇致有构成碰撞危险时，各应向右转向，从而各从他船的左舷驶过。

2. 当一船看见他船在正前方或接近正前方，在夜间能看见他船的前后桅灯成一直线或接近一直线和（或）两盏舷灯；在白天能看到他船的上述相应形态时，则应认为存在这样的局面。

3. 当一船对是否存在这样的局面有任何怀疑时，该船应假定确实存在这种局面，并应采取相应的行动。

第十五条　交叉相遇局面

当两艘机动船交叉相遇致有构成碰撞危险时，有他船在本船右舷的船舶应给他船让路，如当时环境许可，还应避免横越他船的前方。

第十六条　让路船的行动

须给他船让路的船舶，应尽可能及早地采取大幅度的行动，宽裕地让清他船。

第十七条　直航船的行动

1.（1）两船中的一船应给另一船让路时，另一船应保持航向和航速。

（2）然而，当保持航向和航速的船一经发觉规定的让路船显然没有遵照本规则条款采取适当行动时，该船即可独自采取操纵行动，以避免碰撞。

2. 当规定保持航向和航速的船，发觉本船不论由于何种原因逼近到单凭让路船的行动不能避免碰撞时，也应采取最有助于避碰的行动。

3. 在交叉相遇局面下，机动船按照本条 1 款（2）项采取行动以避免与另一艘机动船碰撞时，如当时环境许可，不应对在本船左舷的船采取向左转向。

4. 本条并不解除让路船的让路义务。

第十八条　船舶之间的责任

除第九、十和十三条另有规定外：

1. 机动船在航时应给下述船舶让路：

（1）失去控制的船舶；

（2）操纵能力受到限制的船舶；

（3）从事捕鱼的船舶；

（4）帆船。

2. 帆船在航时应给下述船舶让路：

（1）失去控制的船舶；

（2）操纵能力受到限制的船舶；

（3）从事捕鱼的船舶。

3. 从事捕鱼的船舶在航时，应尽可能给下述船舶让路：

（1）失去控制的船舶；

（2）操纵能力受到限制的船舶。

4.（1）除失去控制的船舶或操纵能力受到限制的船舶外，任何船舶，如当时环境许可，应避免妨碍显示第二十八条规定信号的限于吃水的船舶的安全通行。

（2）限于吃水的船舶应充分注意到其特殊条件，特别谨慎地驾驶。

5. 在水面的水上飞机，通常应宽裕地让清所有船舶并避免妨碍其航行。然而在有碰撞危险的情况下，则应遵守本章条款的规定。

6.（1）地效船在起飞、降落和贴近水面飞行时应宽裕地让清所有其他船舶并避免妨碍他们的航行。

（2）在水面上操作的地效船应作为机动船遵守本章条款的规定。

第三节　船舶在能见度不良时的行动规则

第十九条　船舶在能见度不良时的行动规则

1. 本条适用于在能见度不良的水域中或在其附近航行时不在互见中的

船舶。

2. 每一船应以适合当时能见度不良的环境和情况的安全航速行驶，机动船应将机器作好随时操纵的准备。

3. 在遵守本章第一节各条时，每一船应充分考虑到当时能见度不良的环境和情况。

4. 一船仅凭雷达测到他船时，应判定是否正在形成紧迫局面和（或）存在着碰撞危险。若是如此，应及早地采取避让行动，如果这种行动包括转向，则应尽可能避免如下各点：

（1）除对被追越船外，对正横前的船舶采取向左转向；

（2）对正横或正横后的船舶采取朝着它转向。

5. 除已断定不存在碰撞危险外，每一船当听到他船的雾号显似在本船正横以前，或者与正横以前的他船不能避免紧迫局面时，应将航速减到能维持其航向的最小速度。必要时，应把船完全停住，而且，无论如何，应极其谨慎地驾驶，直到碰撞危险过去为止。

第三章　号灯和号型

第二十条　适用范围

1. 本章条款在各种天气中都应遵守。

2. 有关号灯的各条规定，从日没到日出时都应遵守。在此期间不应显示别的灯光，但那些不会被误认为本规则各条款订明的号灯，或者不会削弱号灯的能见距离或显著特性，或者不会妨碍正规瞭望的灯光除外。

3. 本规则条款所规定的号灯，如已设置，也应在能见度不良的情况下从日出到日没时显示，并可在一切其他认为必要的情况下显示。

4. 有关号型的各条规定，在白天都应遵守。

5. 本规则条款订明的号灯和号型，应符合本规则附录一（略）的规定。

第二十一条　定　　义

1. "桅灯"是指安置在船的首尾中心线上方的白灯，在225°的水平弧内显示不间断的灯光，其安装要使灯光从船的正前方到每一舷正横后22.5°内显示。

2. "舷灯"是指右舷的绿灯和左舷的红灯，各在112.5°的水平弧内显示不间断的灯光，其装置要使灯光从船的正前方到各自一舷的正横后22.5°内分别显示。长度小于 20m 的船舶，其舷灯可以合并成一盏，装设于船的首尾中心线上。

3. "尾灯" 是指安置在尽可能接近船尾的白灯，在 135°的水平弧内显示不间断的灯光，其装置要使灯光从船的正后方到每一舷 67.5°内显示。

4. "拖带灯" 是指具有与本条 3 款所述 "尾灯" 相同特性的黄灯。

5. "环照灯" 是指在 360°的水平弧内显示不间断灯光的号灯。

6. "闪光灯" 是指每隔一定时间以频率为每分钟闪 120 次或 120 次以上的号灯。

第二十二条　号灯的能见距离

本规则条款规定的号灯，应具有本规则附录一第 8 节（略）订明的发光强度，以便在下列最小距离上能被看到：

1. 长度为 50m 或 50m 以上的船舶：

——桅灯，6n mile；

——舷灯，3n mile；

——尾灯，3n mile；

——拖带灯，3n mile；

——白、红、绿或黄色环照灯，3n mile。

2. 长度为 12m 或 12m 以上但小于 50m 的船舶：

——桅灯，5n mile；但长度小于 20m 的船舶，3n mile；

——舷灯，2 n mile；

——尾灯，2 n mile；

——拖带灯，2 n mile；

——白、红、绿或黄色环照灯，2n mile。

3. 长度小于 12m 的船舶：

——桅灯，2n mile；

——舷灯，1n mile；

——尾灯，2n mile；

——拖带灯，2n mile；

——白、红、绿或黄色环照灯，2n mile。

4. 不易察觉的、部分淹没的被拖带船舶或物体：

——白色环照灯，3n mile。

第二十三条　在航机动船

1. 在航机动船应显示：

（1）在前部一盏桅灯；

（2）第二盏桅灯，后于并高于前桅灯；长度小于 50m 的船舶，不要求显示该桅灯，但可以这样做；

（3）两盏舷灯；

（4）一盏尾灯。

2. 气垫船在非排水状态下航行时，除本条 1 款规定的号灯外，还应显示一盏环照黄色闪光灯。

3. 除本条 1 款规定的号灯外，地效船只有在起飞、降落和贴近水面飞行时，才应显示高亮度的环照红色闪光灯。

4.（1）长度小于 12m 的机动船，可以显示一盏环照白灯和舷灯以代替本条 1 款规定的号灯；

（2）长度小于 7m 且其最高速度不超过 7kn 的机动船，可以显示一盏环照白灯以代替本条 1 款规定的号灯。如可行，也应显示舷灯；

（3）长度小于 12m 的机动船的桅灯或环照白灯，如果不可能装设在船的首尾中心线上，可以离开中心线显示，条件是其舷灯合并成一盏，并应装设在船的首尾中心线上或尽可能地装设在接近该桅灯或环照灯所在的首尾线处。

第二十四条　拖带和顶推

1. 机动船当拖带时应显示：

（1）垂直两盏桅灯，以取代第二十三条 1 款（1）项或 1 款（2）项规定的号灯。当从拖船船尾至被拖物体后端的拖带长度超过 200m 时，垂直显示三盏这样的号灯。

（2）两盏舷灯。

（3）一盏尾灯。

（4）一盏拖带灯位于尾灯垂直上方。

（5）当拖带长度超过 200m 时，在最易见处显示一个菱形体号型。

2. 当一顶推船和一被顶推船牢固地连接成为一组合体时，则应作为一艘机动船，显示第二十三条规定的号灯。

3. 机动船当顶推或旁拖时，除组合体外，应显示：

（1）垂直两盏桅灯，以取代第二十三条 1 款（1）项或 1 款（2）项规定的号灯；

（2）两盏舷灯；

（3）一盏尾灯。

4. 适用本条 1 或 3 款的机动船，还应遵守第二十三条 1 款（2）项的规定。

5. 除本条 7 款所述外，一被拖船或被拖物体应显示：

（1）两盏舷灯；

（2）一盏尾灯；

（3）当拖带长度超过 200m 时，在最易见处显示一个菱形体号型。

6. 任何数目的船舶如作为一组被旁拖或顶推时，应作为一艘船来显示号灯：

（1）一艘被顶推船，但不是组合体的组成部分，应在前端显示两盏舷灯；

（2）一艘被旁拖的船应显示一盏尾灯，并在前端显示两盏舷灯。

7. 一不易觉察的、部分淹没的被拖船或物体或者这类船舶或物体的组合体应显示：

（1）除弹性拖曳体不需要在前端或接近前端处显示灯光外，如宽度小于 25m，在前后两端或接近前后两端处各显示一盏环照白灯；

（2）如宽度为 25m 或 25m 以上时，在两侧最宽处或接近最宽处，另加两盏环照白灯；

（3）如长度超过 100m，在（1）和（2）项规定的号灯之间，另加若干环照白灯，使得这些灯之间的距离不超过 100m；

（4）在最后的被拖船或物体的末端或接近末端处，显示一个菱形体号型，如果拖带长度超过 200m 时，在尽可能前部的最易见处另加一个菱形体号型。

8. 凡由于任何充分理由，被拖船舶或物体不可能显示本条 5 或 7 款规定的号灯或号型时，应采取一切可能的措施使被拖船舶或物体上有灯光，或至少能表明这种船舶或物体的存在。

9. 凡由于任何充分理由，使得一艘通常不从事拖带作业的船不可能按本条 1 或 3 款的规定显示号灯，这种船舶在从事拖带另一遇险或需要救助的船时，就不要求显示这些号灯。但应采取如第三十六条所准许的一切可能措施来表明拖带船与被拖船之间关系的性质，尤其应将拖缆照亮。

第二十五条　在航帆船和划桨船

1. 在航帆船应显示：

（1）两盏舷灯；

（2）一盏尾灯。

2. 在长度小于 20m 的帆船上，本条 1 款规定的号灯可以合并成一盏，装设在桅顶或接近桅顶的最易见处。

3. 在航帆船，除本条 1 款规定的号灯外，还可在桅顶或接近桅顶的最易见处，垂直显示两盏环照灯，上红下绿。但这些环照灯不应和本条 2 款所允许的合色灯同时显示。

4.（1）长度小于 7m 的帆船，如可行，应显示本条 1 或 2 款规定的号灯。但如果不这样做，则应在手边备妥白光的电筒一个或点着的白灯一盏，及早显示，以防碰撞。

（2）划桨船可以显示本条为帆船规定的号灯，但如不这样做，则应在手边备妥白光的电筒一个或点着的白灯一盏，及早显示，以防碰撞。

5. 用帆行驶同时也用机器推进的船舶，应在前部最易见处显示一个圆锥体号型，尖端向下。

第二十六条　渔船

1. 从事捕鱼的船舶，不论在航还是锚泊，只应显示本条规定的号灯和号型。

2. 船舶从事拖网作业，即在水中拖曳爬网或其他用作渔具的装置时，应显示：

（1）垂直两盏环照灯，上绿下白，或一个由上下垂直、尖端对接的两个圆锥体所组成的号型；

（2）一盏桅灯，后于并高于那盏环照绿灯；长度小于 50m 的船舶，则不要求显示该桅灯，但可以这样做；

（3）当对水移动时，除本款规定的号灯外，还应显示两盏舷灯和一盏尾灯。

3. 从事捕鱼作业的船舶，除拖网作业者外，应显示：

（1）垂直两盏环照灯，上红下白，或一个由上下垂直、尖端对接的两个圆锥体所组成的号型；

（2）当有外伸渔具，其从船边伸出的水平距离大于 150m 时，应朝着渔具的方向显示一盏环照白灯或一个尖端向上的圆锥体号型；

（3）当对水移动时，除本款规定的号灯外，还应显示两盏舷灯和一盏尾灯。

4. 本规定附录二（略）所述的额外信号，适用于在其他捕鱼船舶附近从事捕鱼的船舶。

5. 船舶不从事捕鱼时，不应显示本条规定的号灯或号型，而只应显示为其同样长度的船舶所规定的号灯或号型。

第二十七条　失去控制或操纵能力受到限制的船舶

1. 失去控制的船舶应显示：

（1）在最易见处，垂直两盏环照红灯；

（2）在最易见处，垂直两个球体或类似的号型；

（3）当对水移动时，除本款规定的号灯外，还应显示两盏舷灯和一盏尾灯。

2. 操纵能力受到限制的船舶，除从事清除水雷作业的船舶外，应显示：

（1）在最易见处，垂直三盏环照灯，最上和最下者应是红色，中间一盏应是白色；

（2）在最易见处，垂直三个号型，最上和最下者应是球体，中间一个应是菱形体；

（3）当对水移动时，除本款（1）项规定的号灯外，还应显示桅灯、舷灯和尾灯；

（4）当锚泊时，除本款（1）和（2）项规定的号灯或号型外，还应显示第三十条规定的号灯、号型。

3. 从事一项使拖船和被拖物体双方在驶离其航向的能力上受到严重限制的拖带作业的机动船，除显示第二十四条1款规定的号灯或号型外，还应显示本条2款（1）和（2）项规定的号灯或号型。

4. 从事疏浚或水下作业的船舶，当其操纵能力受到限制时，应显示本条2款（1）、（2）和（3）项规定的号灯和号型。此外，当存在障碍物时，还应显示：

（1）在障碍物存在的一舷，垂直两盏环照红灯或两个球体；

（2）在他船可以通过的一舷，垂直两盏环照绿灯或两个菱形体；

（3）当锚泊时，应显示本款规定的号灯或号型以取代第三十条规定的号灯或号型。

5. 当从事潜水作业的船舶其尺度使之不可能显示本条4款规定的号灯

和号型时，则应显示：

（1）在最易见处垂直三盏环照灯，最上和最下者应是红色，中间一盏应是白色；

（2）一个国际信号旗"A"的硬质复制品，其高度不小于1m，并应采取措施以保证周围都能见到。

6. 从事清除水雷作业的船舶，除显示第二十三条为机动船规定的号灯或第三十条为锚泊船规定的号灯或号型外，还应显示三盏环照绿灯或三个球体。这些号灯或号型之一应在接近前桅桅顶处显示，其余应在前桅桁两端各显示一个。这些号灯或号型表示他船驶近至清除水雷船1 000m以内是危险的。

7. 除从事潜水作业的船舶外，长度小于12m的船舶，不要求显示本条规定的号灯和号型。

8. 本条规定的信号不是船舶遇险求救的信号。船舶遇险求救的信号载于本规则附录四（略）内。

第二十八条　限于吃水的船舶

限于吃水的船舶，除第二十三条为机动船规定的号灯外，还可在最易见处垂直显示三盏环照红灯，或者一个圆柱体。

第二十九条　引航船舶

1. 执行引航任务的船舶应显示：

（1）在桅顶或接近桅顶处，垂直两盏环照灯，上白下红；

（2）当在航时，外加舷灯和尾灯；

（3）当锚泊时，除本款（1）项规定的号灯外，还应显示第三十条对锚泊船规定的号灯或号型。

2. 引航船当不执行引航任务时，应显示为其同样长度的同类船舶规定的号灯或号型。

第三十条　锚泊船舶和搁浅船舶

1. 锚泊中的船舶应在最易见处显示：

（1）在船的前部，一盏环照白灯或一个球体；

（2）在船尾或接近船尾并低于本款（1）项规定的号灯处，一盏环照白灯。

2. 长度小于50m的船舶，可以在最易见处显示一盏环照白灯，以取代本条1款规定的号灯。

3. 锚泊中的船舶，还可以使用现有的工作灯或同等的灯照明甲板，而长度为 100m 及 100m 以上的船舶应当使用这类灯。

4. 搁浅的船舶应显示本条 1 或 2 款规定的号灯，并在最易见处外加：

（1）垂直两盏环照红灯；

（2）垂直三个球体。

5. 长度小于 7m 的船舶，不在狭水道、航道、锚地或其他船舶通常航行的水域中或其附近锚泊时，不要求显示本条 1 和 2 款规定的号灯或号型。

6. 长度小于 12m 的船舶搁浅时，不要求显示本条 4 款（1）项和（2）项规定的号灯或号型。

第三十一条　水上飞机

当水上飞机或地效船不可能显示按本章各条规定的各种特性或位置的号灯和号型时，则应显示尽可能近似于这种特性和位置的号灯和号型。

第四章　声响和灯光信号

第三十二条　定义

1. "号笛"一词，指能够发出规定笛声并符合本规则附录三（略）所载规格的任何声响信号器具。

2. "短声"一词，指历时约 1s 的笛声。

3. "长声"一词，指历时 4～6s 的笛声。

第三十三条　声号设备

1. 长度为 12m 或 12m 以上的船舶，应配备一个号笛，长度为 20m 或 20m 以上的船舶除了号笛以外还应配备一个号钟，长度为 100m 或 100m 以上的船舶，除了号笛和号钟以外，还应配备一面号锣。号锣的音调和声音不可与号钟相混淆。号笛、号钟和号锣应符合本规则附录三（略）所载规格。号钟、号锣或二者均可用与其各自声音特性相同的其他设备代替，只要这些设备随时能以手动鸣放规定的声号。

2. 长度小于 12m 的船舶，不要求备有本条 1 款规定的声响信号器具。如不备有，则应配置能够鸣放有效声号的其他设备。

第三十四条　操纵和警告信号

1. 当船舶在互见中，在航机动船按本规则准许或要求进行操纵时，应用号笛发出下列声号表明之：

——一短声，表示"我船正在向右转向"；

——二短声，表示"我船正在向左转向"；

——三短声，表示"我船正在向后推进"。

2. 在操纵过程中，任何船舶均可用灯号补充本条 1 款规定的笛号，这种灯号可根据情况予以重复：

（1）这些灯号应具有以下意义：

——一闪，表示"我船正在向右转向"；

——二闪，表示"我船正在向左转向"；

——三闪，表示"我船正在向后推进"。

（2）每闪历时应约 1s，各闪应间隔约 1s，前后信号的间隔应不少于 10s。

（3）如设有用作本信号的号灯，则应是一盏环照白灯，其能见距离至少为 5n mile，并应符合本规则附录一（略）所载规定。

3. 在狭水道或航道内互见时：

（1）一艘企图追越他船的船应遵照第九条 5 款（1）项的规定，以号笛发出下列声号表示其意图：

——二长声继以一短声，表示"我船企图从你船的右舷追越"；

——二长声继以二短声，表示"我船企图从你船的左舷追越"。

（2）将要被追越的船舶，当按照第九条 5 款（1）项行动时，应以号笛依次发出下列声号表示同意：

——一长、一短、一长、一短声。

4. 当互见中的船舶正在互相驶近，并且不论由于何种原因，任何一船无法了解他船的意图或行动，或者怀疑他船是否正在采取足够的行动以避免碰撞时，存在怀疑的船应立即用号笛鸣放至少五声短而急的声号以表示这种怀疑。该声号可以用至少五次短而急的闪光来补充。

5. 船舶在驶近可能被居间障碍物遮蔽他船的水道或航道的弯头或地段时，应鸣放一长声。该声号应由弯头另一面或居间障碍物后方可能听到它的任何来船回答一长声。

6. 如船上所装几个号笛，其间距大于 100m，则只应使用一个号笛鸣放操纵和警告声号。

第三十五条　能见度不良时使用的声号

在能见度不良的水域中或其附近时，不论白天还是夜间，本条规定的声号应使用如下：

1. 机动船对水移动时，应以每次不超过 2min 的间隔鸣放一长声。

2. 机动船在航但已停车，并且不对水移动时，应以每次不超过 2min 的间隔连续鸣放二长声，二长声间的间隔约 2s。

3. 失去控制的船舶、操纵能力受到限制的船舶、限于吃水的船舶、帆船、从事捕鱼的船舶，以及从事拖带或顶推他船的船舶，应以每次不超过 2min 的间隔连续鸣放三声，即一长声继以二短声，以取代本条 1 或 2 款规定的声号。

4. 从事捕鱼的船舶锚泊时，以及操纵能力受到限制的船舶在锚泊中执行任务时，应当鸣放本条 3 款规定的声号以取代本条 7 款规定的声号。

5. 一艘被拖船或者多艘被拖船的最后一艘，如配有船员，应以每次不超过 2min 的间隔连续鸣放四声，即一长声继以三短声。当可行时，这种声号应在拖船鸣放声号之后立即鸣放。

6. 当一顶推船和一被顶推船牢固地连接成为一个组合体时，应作为一艘机动船，鸣放本条 1 或 2 款规定的声号。

7. 锚泊中的船舶，应以每次不超过 1min 的间隔急敲号钟约 5s。长度为 100m 或 100m 以上的船舶，应在船的前部敲打号钟，并应在紧接钟声之后，在船的后部急敲号锣约 5s。此外，锚泊中的船舶，还可以连续鸣放三声，即一短、一长和一短声，以警告驶近的船舶注意本船位置和碰撞的可能性。

8. 搁浅的船舶应鸣放本条 7 款规定的钟号，如有要求，应加发该款规定的锣号。此外，还应在紧接急敲号钟之前和之后各分隔而清楚地敲打号钟三下。搁浅的船舶还可以鸣放合适的笛号。

9. 长度为 12m 或 12m 以上但小于 20m 的船舶，不要求鸣放本 21 条 7 款和 8 款规定的声号。但如不鸣放上述声号，则应鸣放他种有效的声号，每次间隔不超过 2min。

10. 长度小于 12m 的船舶，不要求鸣放上述声号，但如不鸣放上述声号，则应以每次不超过 2min 的间隔鸣放其他有效的声号。

11. 引航船当执行引航任务时，除本条 1、2 或 7 款规定的声号外，还可以鸣放由四短声组成的识别声号。

第三十六条　招引注意的信号

如需招引他船注意，任何船舶可以发出灯光或声响信号，但这种信号应不致被误认为本规则其他条款所准许的任何信号，或者可用不致妨碍任何船舶的方式把探照灯的光束朝着危险的方向。任何招引他船注意的灯光，应不致被误认为是任何助航标志的灯光。为此目的，应避免使用诸如频闪灯这样高亮度的间歇灯或旋转灯。

第三十七条　遇险信号

船舶遇险并需要救助时，应使用或显示本规则附录四（略）所述的信号。

第五章　豁　免

第三十八条　豁免

在本规则生效之前安放龙骨或处于相应建造阶段的任何船舶（或任何一类船舶）只要符合 1960 年国际海上避碰规则的要求，则可：

1. 在本规则生效之日后 4 年内，免除安装达到第二十二条规定能见距离的号灯。

2. 在本规则生效之日后 4 年内，免除安装符合本规则附录一 7 款规定的颜色规格的号灯。

3. 永远免除由于从英制单位变换为米制单位以及丈量数字凑整而产生的号灯位置的调整。

4. （1）永远免除长度小于 150m 的船舶由于本规则附录一（略）3 款（1）项规定而产生的桅灯位置的调整。

（2）在本规则生效之日后 9 年内，免除长度为 150m 或 150m 以上的船舶由于本规则附录一（略）3 款（1）项规定而产生的桅灯位置的调整。

5. 在本规则生效之日后 9 年内，免除由于本规则附录一（略）2 款（2）项规定而产生的桅灯位置的调整。

6. 在本规则生效之日后 9 年内，免除由于本规则附录一（略）2 款（7）项和 3 款（2）项规定而产生的舷灯位置的调整。

7. 在本规则生效之日后 9 年内，免除本规则附录三（略）对声号器具所规定的要求。

8. 永远免除由于本规则附录一（略）9 款（2）项规定而产生的环照灯位置的调整。

附录 2 渔船作业避让规定

第一章 总 则

第一条 本规定适用于我国正在从事海上捕捞的船舶。

第二条 本规定以不违背《1972 年国际海上避碰规则》（以下简称《72 规则》）为原则，从事各种捕捞作业的船舶除严格遵行《72 规则》外，还必须遵守本规定。

第三条 本规定各条不妨碍有关主管机关制定的渔业法规的实行。

第四条 在解释和遵行本规定各条规定时，应适当考虑到当时渔场的特殊情况或其他原因，为避免发生网具纠缠、拖损或船舶发生碰撞的危险，而采取与本规定各条规定相背离的措施。

第五条 本规定各条不免除任何从事捕捞作业中的船舶或当事船长、船员、船舶所属单位对执行本规定各条的任何疏忽而产生的各种后果应负担的责任。

第六条 本规定除第六章能见度不良时的行动规则外，其他各章都为互见中的行动规则。

第七条 本规定所指的避让行动，包括避让船舶及其渔具。

第八条 本规定的解释权属于中华人民共和国农牧渔业部。

第二章 通 则

第九条 拖网渔船应给下列渔船让路：

1. 从事定置渔具捕捞的渔船。

2. 漂流渔船。

3. 围网渔船。

第十条 围网渔船和漂流渔船应避让从事定置渔具捕捞的渔船。

第十一条 各类渔船在放网过程中，后放网的船应避让先放网的船，并不得妨碍其正常作业。

第十二条　正常作业的渔船，应避让作业中发生故障的渔船。

第十三条　各类渔船在起、放渔具过程中，应保持一定的安全距离。

第十四条　在按本规定采取避让措施时，应与被让路渔船及其渔具保持一定的安全距离。

第十五条　在决定安全距离时，应充分考虑到下列因素：

1. 船舶的操纵性能。

2. 渔具尺度及其作业状况。

3. 渔场的风、流、水深、障碍物及能见度等情况。

4. 周围船舶的动态及其密集程度。

第十六条　任何船舶在经过起网中的围网渔船附近时，严禁触及网具或从起网船与带围船之间通过。

第十七条　让路船舶应距光诱渔船 500m 以外通过，并不得在该距离之内锚泊或其他有碍于该船光诱效果的行动。

第十八条　围网渔船在放网时，应不妨碍漂流渔船或拖网渔船的正常作业。

第十九条　漂流渔船在放出渔具时，应尽可能离开当时拖网渔船集中作业的渔场。

第二十条　从事定置渔具作业的渔船在放置渔具时，应不妨碍其他从事捕捞船舶的正常作业。

第三章　拖网渔船之间的避让责任和行动

第二十一条　追越渔船应给被追越渔船让路，并不得抢占被追越渔船网档的正前方而妨碍其作业。

第二十二条　机动拖网渔船应给非机动拖网渔船让路。

第二十三条　多对渔船在相对拖网作业相遇时，如一方或双方两侧都有同向平行拖网中的渔船，转向避让确有困难，双方应及时缩小网档或采取其他有效的措施，谨慎地从对方网档的外侧通过，直到双方的网具让清为止。

第二十四条　交叉相遇时：

1. 应给本船右舷的另一方船让路。

2. 当让路船不能按上款规定让路时，应预先用声号联系，以取得协调一致的避让行动。

3. 如被让路船是对拖网船，被让路船应适当考虑到让路船的困难，尽量做到协同避让，必要时尽可能缩小网档，加速通过让路船网档的前方海区。

第二十五条 采取大角度转向的拖网中渔船，不得妨碍附近渔船的正常作业。

第二十六条 不得在拖网渔船的网档正前方放网、抛锚或有其他妨碍该渔船正常作业的行动。

第二十七条 多艘单拖网渔船在同向并列拖网中，两船间应保持一定的安全距离。

第二十八条 放网中渔船，应给拖网中或起网中的渔船让路。

第二十九条 拖网中渔船，应给起网中渔船让路。同时起网船，应给正在从事卡包（分吊）起鱼的渔船让路。

第三十条 准备起网的渔船，应在起网前 10min 显示起网信号，夜间应同时开亮甲板工作灯，以引起周围船舶的注意。

第四章 围网渔船之间的避让责任和行动

第三十一条 船组在灯诱鱼群时，后下灯的船组与先下灯的船组间的距离应不少于 1 000m。

第三十二条 围网渔船不得抢围他船用鱼群指示标（灯）所指示的、并准备围捕的鱼群。

第三十三条 在追捕同一的起水鱼群时，只要有一船已开始放网，他船不得有妨碍该放网船正常作业的行动。

第三十四条 围网渔船在起网过程中：

1. 底纲已绞起的船应尽可能避让底纲未绞起的船。

2. 同是底纲已绞起的船，有带围的船应避让无带围的船。

3. 起（捞）鱼的船应避让正在绞（吊）网的船。

第三十五条 船组在灯诱时，"拖灯诱鱼"的船应避让"漂灯诱鱼"和"锚泊灯诱"的船。

第五章 漂流渔船之间的避让责任和行动

第三十六条 漂流渔船在放出渔具时应与同类船保持一定的安全距离，

并尽可能做到同向作业。

　　第三十七条　当双方的渔具有可能发生纠缠时，各应主动起网，或采取其他有效措施，互相避开。

第六章　能见度不良时的行动规则

　　第三十八条　各类渔船在放网前应充分掌握周围船舶的动态，并结合气象与海况谨慎操作。

　　第三十九条　及时启用雷达，判断有无存在使本方或他方的船舶和渔具遭受损坏的危险，并采取合理的避让措施。

　　第四十条　拖网渔船在放网时，应采取安全航速。

　　第四十一条　拖网渔船在拖网中，应适当地缩小网档。

　　第四十二条　拖网渔船在拖网中发现与他船网档互相穿插时，应立即停车，同时发出声号一短一长二短声（·—··），通知对方立即停车，并采取有效措施，直到双方互不影响拖网作业时为止。

　　第四十三条　各类渔船除显示规定的号灯外，还可以开亮工作灯或探照灯。

第七章　号灯、号型和灯光信号

　　第四十四条　船组在起网过程中，当带围船拖带起网船时，应显示从事围网作业渔船的号灯、号型，当有他船临近时，可向拖缆方向照射探照灯。

　　第四十五条　围网渔船在拖带灯船或舢板进行探测、搜索或追捕鱼群的过程中，应显示拖带船的号灯、号型；当开始放网时，应显示捕鱼作业中所规定的号灯和号型。

　　第四十六条　灯诱中的围网渔船应按《72规则》显示捕鱼作业中的号灯。

　　第四十七条　下列船舶应显示在航船的号灯：

　　1. 未拖带灯船的围网船在航测鱼群时。

　　2. 对拖渔船中等待他船起网的另一艘船。

　　3. 其他脱离渔具的漂流中的船舶。

　　第四十八条　停靠在围网渔船网圈旁或在围网渔船旁直接从网中起（捞）鱼的运输船舶，应显示围网渔船的号灯、号型。

第四十九条 运输船靠在拖网中的渔船时，应按《72规则》显示"操纵能力受到限制的船舶"的号灯、号型。

第五十条 围网渔船在夜间放网时：

1. 网圈上应显示五只以上间距相等的白色闪光灯。

2. 如不能按本条1款规定显示信号时，应采取一切可能措施，使网圈上有灯光或至少能表明该网圈的存在。

第五十一条 漂流渔船除显示《72规则》有关号灯、号型外，还应在渔具上显示下列信号：

日间：每隔不大于500m的间距，显示顶端有红色三角旗的标志一面；其远离船的一端，应垂直显示红色三角旗两面。

夜间：每隔不大于1 000m的间距，显示白色灯一盏，在远离船的一端显示红色灯一盏。上述灯光的视距应不少于0.5n mile。

第八章　附　　则

第五十二条 名词解释

1. "渔船"一词是指正在使用拖网、围网、灯诱、流刺网、延绳钓渔具和定置渔具进行捕捞作业的船舶（但不包括曳绳钓和手钓渔具捕鱼的船舶）。

2. "船组"一词是指由一艘围网渔船，一艘或一艘以上灯光船组成的一个生产单位。

3. "网档"一词是指两艘拖网渔船在平行同向拖曳同一渔具过程中，船舶之间的横距。

4. "带围船"一词是指拖带围网渔船的船舶。

5. "从事定置渔具捕捞的船舶"是指在破泊中设置渔具或正在起放定置渔具或系泊在定置渔具上等候潮水起网的船舶。

6. "漂流渔船"一词是指系带渔具随风流漂移而从事捕捞作业的船舶（包括流刺网、延绳钓渔船，但不包括手钓、曳绳钓渔船）。

7. "围网渔船"一词是指正在起、放围网或施放水下灯具或灯光诱集鱼群的船舶。

8. "拖网渔船"一词是指一艘或一艘以上从事拖网或正在起放拖网作业的船舶。

第五十三条 本规则自1984年10月1日起施行。

附录3 中华人民共和国非机动船舶海上安全航行暂行规则

第一条 凡使用人力、风力、拖力的非机动船，在海上从事运输、捕鱼或者其他工作，都应当遵守本规则。

在港区内航行的时候，应当遵守各该港港章的规定。

第二条 非机动船在夜间航行、锚泊的时候，应当在容易被看见的地方，悬挂明亮的白光环照灯一盏。如果因为天气恶劣或者受设备的限制，不能固定悬挂白光环照灯，必须将灯点好放在手边，以备应用；在与他船接近的时候，应当及早显示灯光或者手电筒的白色闪光或者火光，以防碰撞。

非机动船已经设置红绿舷灯、尾灯或者使用合色灯的，仍应继续使用。

第三条 非机动渔船，在白昼捕鱼的时候，应当在容易被看见的地方，悬挂竹篮一只，当发现他船驶近的时候，应当用适当信号指示渔具延伸方向；使用流网的渔船，还要在流网延伸末端的浮子上，系小红旗一面；在夜间捕鱼的时候，应当在容易被看见的地方，悬挂明亮的白光环照灯一盏，当发现他船驶近的时候，向渔具延伸方向，显示另一白光。

第四条 非机动船在有雾、下雪、暴风雨或者其他任何视线不清楚的情况下，不论白昼或者夜间，都应当执行下列规定：

（1）在航行的时候，应当每隔约1min，连续发放雾号响声（如敲锣、敲梆、敲煤油桶、吹螺、吹雾角、吹喇叭等）约5s。

（2）在锚泊的时候，如果听到来船雾号响声，应当有间隔地、急促地发放响声，以引起来船注意，直到驶过为止。

（3）在捕鱼的时候，也应当依照前两项的规定执行。

第五条 两艘帆船相互驶近，如有碰撞的危险，应当依照下列规定避让：

（1）顺风船应当避让逆风打抢、掉抢的船。

（2）左舷受风打抢的船，应当避让右舷受风打抢的船。

（3）两船都是顺风，而在不同的船舷受风的时候，左舷受风的船，应当避让右舷受风的船。

（4）两船都是顺风，而在同一船舷受风的时候，上风船应当避让下风船。

（5）船尾受风的船应当避让其他船舷受风的船。

第六条 在航行中的非机动船，应当避让用网、曳绳钓或者拖网进行捕鱼作业的非机动渔船。

第七条 非机动船应当避让下列的机动船：

（1）从事起捞、安放海底电线或者航行标志的机动船；

（2）从事测量或者水下工作的机动船；

（3）操纵失灵的机动船；

（4）用拖网捕鱼的机动船；

（5）被追越的机动船。

第八条 非机动船与机动船相互驶近，如有碰撞危险，机动船应当避让非机动船。

第九条 非机动船在海上遇难，需要他船或者岸上援救的时候，应当显示下列信号；

（1）用任何雾号器具连续不断发放响声；

（2）连续不断燃放火光；

（3）将衣服张开，挂上桅顶。

第十条 本规则经国务院批准后，由交通部、水产部联合发布施行。

参 考 文 献

胡永生，刘夕明，2008. 渔船驾驶技术［M］. 北京：中国农业出版社.

孙文强，2011. 船舶值班操纵与避碰［M］. 大连：大连海事大学出版社.

吴兆麟，2008. 船舶避碰与值班［M］. 3 版. 大连：大连海事大学出版社.

吴兆麟，赵月林，2014. 船舶避碰与值班［M］. 4 版. 大连：大连海事大学出版社.

张铎，2007.《1972 年国际海上避碰规则》理解与适用［M］. 大连：大连海事大学出版社.

赵邦良，2006. 船舶值班与避碰［M］. 北京：人民交通出版社.

中华人民共和国海事局，2003. 水上交通事故典型案例集［M］. 北京：人民交通出版社.